仿生科技圖鑑

拯救地球的超級英雄

公立千歲科學技術大學特任教授 **下村政嗣**
筑波大學教授 **谷口守**
濱松醫科大學特聘研究教授 **針山孝彥**
仿生技術推進協議會事務局長 **平坂雅男**
產業技術綜合研究所研究組長 **穗積篤** 著 陳佩君 譯

期許成為超級英雄

——以人類為中心的想法轉變成生物社會與人類社會共存的型態

不少人都讀過達爾文的《物種源始》、法布爾的《昆蟲記》和西頓的《動物記》。這些書籍超越了時代與國界的限制，廣受歡迎，因為人類對於其他生物的奧祕感到好奇。從古至今，人類在食衣住各方面，都獲得了來自生物的恩惠。舉例來說，我們的衣服最早源自棉花、蠶絲、羊毛等材料，都是取自大自然。然而，從石油提煉出合成纖維的技術發明之後，人類開始進入了大量生產與大量消費的時代。我們利用煤炭和石油等化工原料獲得了便利的生活，卻也為環境帶來負面的影響。在以人類為中心的經濟發展之下，過度生產對環境造成嚴重的破壞，讓地球再也無法恢復成原來的樣貌。

自從地球有生命誕生，各種生物在大自然中，建立一個循環的社會，叫做「生

態系」。為了拯救遭受破壞的地球，人類必須實現與大自然共存的未來。現在正是關鍵的時候，急需我們打造一個生物的社會，也就是模擬生態系的人類社會。這樣的人類社會稱為「仿生態社會」※。

人類以外的生物能提供我們拯救地球的線索，可以說是超級英雄。還有，閱讀這本書的各位，願意探索環保的新科技和生活方式，也能成為拯救地球的英雄人物。接下來，請跟著螳螂弟和博士一起來認識生物的特殊技能、了解生物的社會，想一想人類社會的未來。想想看為了達成仿生態社會的願景，我們應該如何改變自身的行為。願你拿起這本書閱讀的今天，就是跨出了實現的第一步。

※譯註：「仿生態社會」（Ecosystem）就是以模仿生物身體構造、特殊能力的「仿生科技」（ecomimetics）為基礎，建構出模擬生態系的循環型永續社會。（編按：本書註釋除了特別標示「譯註」者，皆為原書註。）

目錄

本書的閱讀方法

蝗螂弟和博士一起介紹生物的特點，也逐步揭開螳螂的身體奧祕。

介紹運用於最新科技的生物特性，以及研發中的未來科技。

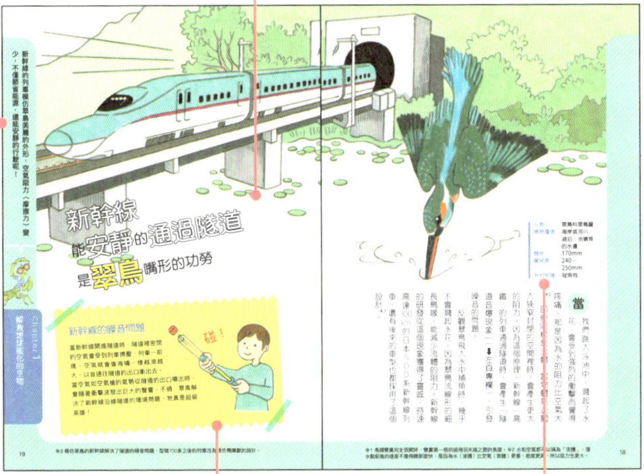

新幹線安靜的通過隧道
是翠鳥嘴形的功勞
新幹線的噪音問題
碰！

小專欄深入解說生物的身體奧祕與相關的新科技。

小檔案介紹生物的「分類」、「棲息環境」、「體長」等資訊，還有同類的生物。

本書的導覽成員

螳螂弟

螳螂弟會從草叢飛出來，陪讀者一起學習各種生物的絕招！紅色眼鏡是他的正字標記！

以生物為師，一起來思考有什麼環保的能源吧！

我來介紹未來的機器人和探測器是參考什麼生物的構造和動作，發明出來的。

不只是個別的生物，我們也要向大自然的生態系學習，打造宜居城市。

學習生物的智慧，享受舒適又新潮的生活！

為了保持身體健康，我們來向不用上醫院看病的生物學習。

能源博士

機器人工學博士

都市計畫博士

材料博士

醫學博士

認識地球面臨的社會問題！

我們居住的地球正面臨幾個嚴重的問題。
這些問題的起因是人類長年只顧慮到自己的生活，忽略了環境。
讓我們一起來了解地球發生了什麼事，踏出拯救地球的第一步！

地球暖化

這一百年來，地球整體的平均溫度急速上升了0.3～0.6℃。地球上所有的生物都受到影響，而且不只是氣溫升高，也出現了容易下大雪的極端氣候。

地球發生什麼事？

- 北極的冰山融化，海平面上升，有些島嶼遭淹沒
- 氣候乾燥的地區經常發生森林大火
- 原本只發生在熱帶地區的傳染病如瘧疾等，擴散到全世界
- 對農業和漁業發生影響，導致食物短缺
- 空調的用電量增加，造成缺電

森林遭到破壞

人類為了建造房子、馬路、太陽能發電廠等設施，地球平均每小時失去相當於144個東京巨蛋那麼大面積的森林。也因為森林遭到破壞，原本棲息在森林裡的動物跑到人類居住的城鎮，而引發「獸害」。

地球發生什麼事？

- 植物吸收二氧化碳的量減少，加速地球暖化
- 地基變脆弱，土石流的災害增加

化學物質的汙染

人類藉由噴灑農藥、殺蟲劑等化學物質來減少昆蟲的數量。可是，其他動物也會吃進這些化學物質，在體內產生類似賀爾蒙的作用，危害正常的生長。

地球發生什麼事？

- 昆蟲減少甚至消失，植物不容易自然授粉
- 以昆蟲為食的動物難以生存

廢棄垃圾的增加

人類習慣了東西用完就丟的生活，生產過剩的商品衍生出大量的廢棄物（垃圾）。尤其是大自然無法分解的物質更是一大問題。

地球發生什麼事？

- 魚類和鯨魚等水中動物吃下塑膠微粒
- 水質受到汙染，造成公害

失去生物多樣性

地球上有各式各樣生物共存，維持著大自然的平衡，但現在每年有約四萬種生物滅絕。已滅絕的生物不會再復活。

地球發生什麼事？

- 食物鏈瓦解，地球上所有的生物最後都無法存活

缺水

生物不可或缺的水資源因地球整體的人口增加、地球暖化造成的氣候變遷、可蓄水的森林遭砍伐等問題，出現嚴重的匱乏。

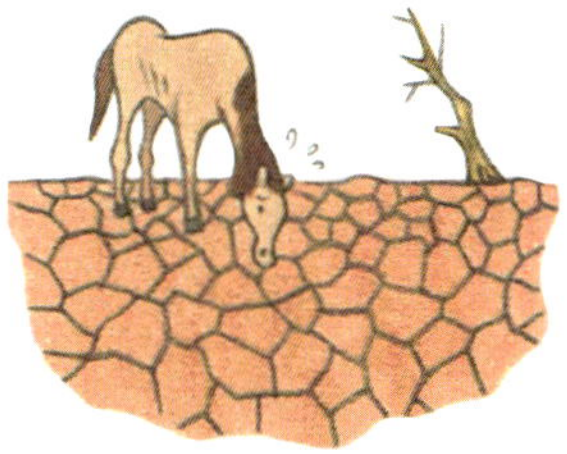

地球發生什麼事？

- 在水中或水邊生活的野生動物失去棲地
- 飲用水的品質變差
- 發生爭奪水資源的戰爭

建立守護未來的社會體制

近年來，我們常聽到「SDGs」※這個英語縮寫。
這個詞彙是聯合國訂立的未來目標，
以解決上一頁介紹的經濟、社會、自然環境等，地球面臨的課題。
為了讓所有國家的人民和其他生物，都能在地球上和平的生活，
我們該怎麼做呢？

思考什麼是富裕與幸福

現在，住在日本的人們過著便利的生活，但所謂的「富裕」是指金錢上的財富嗎？能就讀優秀的學校就是「幸福」嗎？為了打造出更美好的未來社會，我們不能只顧自己，要帶著寬廣的視野，思考整個地球的富裕與幸福。

打造永續的社會

為了解決地球整體的經濟、社會、自然環境等問題，聯合國訂立「SDGs」共17個目標，計畫在西元2030年之前達成。達成目標也不是終點，到了2030年之後，每一個人都應該在生活中，繼續實踐自己能做的小事。

※「Sustainable Development Goals」的縮寫，中文的意思是「永續發展目標」。

整備基礎建設

支持生活與社會運作的公共設施，例如電力、自來水、鐵路等，叫做「基礎建設」。世界上，有些貧窮國家還沒有完備的基礎建設。這些國家也需要適合當地的發電設備和供水設施，但在建造基礎建設的同時，還是要有環保的意識，不要為了國家發展而過度開發。

不以賺錢為目標的經濟

經濟上的富裕，不單單只是賺錢的意思。人人都能從事有意義、有人權的工作，經濟也獲得成長是最理想的狀態。為了實現這個目標，減少貧窮國家的童工，讓全世界的孩子都能過幸福的生活是很重要的事。

從生物的角度思考自然環境

唯有能適應現在地球環境的生物，才能活到未來，無法適應的生物，以後就會走向滅絕。不會說話的生物無法為自己的權益發聲，為了守護地球豐富的自然環境，人類不能只想到自己，要以生物的角度來思考環境的問題。

認同異國文化

所有國家的人都一樣，生而為人類，有自己的語言和文字，發展出獨特的文化。不同的地區和國家，有著不同的文化。如果不同文化的人們不能互相理解，強迫其他國家接受自己的想法或利益，就可能引起戰爭。大自然裡的生物都是共生的，人類也應該保持開放的心態，接納異國的文化。

每個人可以從今天開始做的事

為了地球的未來，除了立下遠大的目標，
制定社會的體制之外，在每個人的日常生活當中，
還有許多可以從現在開始著手的事。
讓我們從小事開始做起吧！

鍛鍊思考的能力

就算擁有再多的知識，沒有思考能力，還是無法妥善運用。學習的目的不只是為了學校的考試，更要懂得訓練自己的思考能力。比方說，上網查資料時，在搜尋到答案之前，可以先想想看自己的答案。

以不同的角度看事物

如果有人要你畫出「一條魚」，你會怎麼畫呢？應該會有很多人畫出魚的側面吧？其實，畫出魚的正面或是從上方觀看的樣子也沒有錯。我們可以像這樣從各種不同的角度來看事物。事物不會只有一個面向，練習用不同的觀點來觀察！

認識各式各樣的人

許多生物和其他不同種的生物具有共生的關係。我們也要多認識不同年齡、性別、職業的人。藉由與人交談，整理自己的思緒，有時會想到好點子。

增加知識

地球面臨的課題，無法只靠科學解決。以學校的學科來說，不光是自然科學，還要結合數學、社會、道德等廣泛的知識，綜合來思考。沒有科目是無用的。而且，社會問題的解方也不會只有一個。

親近大自然

自從地球有生命誕生，已過了38億年，許多生物在大自然裡學會了生存，演化成今日的模樣。我們人類也要多親近大自然，學習生物的生活智慧，或許能為未來的社會找到更好的解方。本書將介紹各種生物的「特殊本領」。

培養觀察敏銳度

「敏銳感知」是指，從所見所聞當中，感受到什麼的能力。比方說，覺得不可思議的心情，或是擁有跟別人不一樣的想法，都是感性。我們可以模仿過去曾有重大發現的生物學家，為花草樹木等自然景物寫生。透過仔細的觀察，也許能獲得新發現。

Chapter1

解救地球暖化的生物

地球暖化是人類為了追求便利的生活，大規模發展產業帶來的結果。工廠大量排放出「溫室氣體」，使地球整體的平均氣溫上升，在各地引發大豪雨等天然災害。生活在寒冷地區的生物也因為地球暖化的關係，棲息地日漸縮小。為了減少溫室氣體，人類必須發展更節能省電的科技。

日本的能源百分比
（西元2020年度）

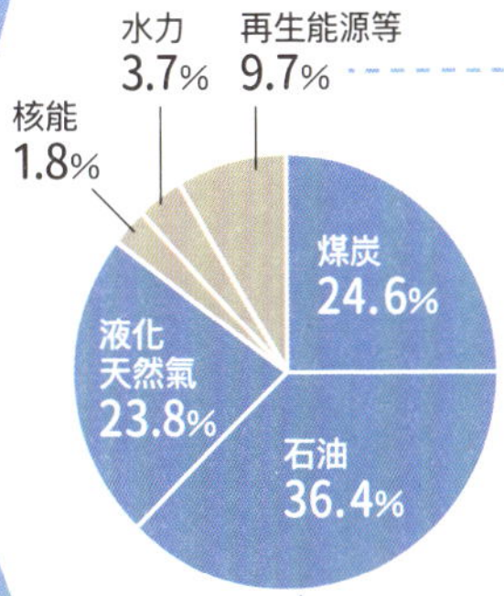

石化燃料的比例
84.8%

溫室氣體當中，又以二氧化碳（CO_2）影響環境最多。減少二氧化碳的排放量，就是阻止地球暖化的有效對策。所以，使用煤炭、石油等石化燃料的火力發電應逐步汰換成太陽能、風力發電這些「可以再生的能源」，也不會排放出過量的二氧化碳。

可以再生的能源有太陽光發電、風力發電、太陽熱發電等，目前日本只供應少量的再生能源。全球有八成以上都使用石化燃料產生的能源。

為了利用再生能源，發展成不會過度排放二氧化碳的綠能發電，模仿生物的才能開發出來的科技正受到關注。接下來，我們一起來看看有哪些生物的智慧，能幫助人類解決地球暖化的問題吧！另外，要化解能源的問題，除了多使用再生能源之外，平常也要有節約能源的觀念，避免不必要的浪費，來減少二氧化碳的排放喔！

節能飛機的模範

24頁

節能汽車的模範

20頁

太陽熱能發電的模範

34頁

太陽光發電的模範

30頁

翱翔天際的飛機也包膜
仿效大白鯊的表皮

為了阻止地球暖化，人類必須節省能源，減少浪費！有許多節能的技術是模仿生物的身體構造喔！

大白鯊能以很快的速度游很長的距離，關鍵在於牠流線形的身體，以及身上稱為「盾鱗」的鱗片。盾鱗沿著鯊魚游泳的方向排列出小小的溝，可以減少水流的阻力。正在移動的物體表面和流體（水或空氣）之間，會產生摩擦力。摩擦力的大小取決於流體的黏性和物體移動的速度。如果摩擦力很大的話，流體無法沿著物體表面順暢的流動，會產生反方向的漩渦（亂流）。漩渦一大，就會把移動的物體往後拉。所以，移動越快的物體，受到的阻力也越大。不過，鯊魚表皮上的盾鱗排列出細

分類	鼠鯊科食人鯊屬
棲息環境	亞熱帶到亞寒帶之間的海域
體長	4.0～4.8m
其他物種	尖吻鯖鯊、長尾鯊

小的溝，能減少亂流，降低水流的阻力。

這些小小的溝稱為「溝槽結構」（riblet structure），把這種構造的薄膜（左圖）黏貼在飛機的表面上，就能節省飛航燃料，減少二氧化碳的排放。

減少阻力的構造

鯊魚皮

飛機的表面

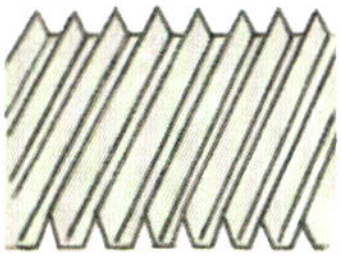

盾鱗又稱為「皮齒」，質地和牙齒一樣是珐瑯質。人造的鯊魚皮構造常用於飛機和競賽用的泳衣※。

※表面加工成溝槽結構的競賽用泳衣又叫做「鯊魚衣」。穿著鯊魚衣參賽的游泳選手接連刷新了世界紀錄，一躍成名。

分類	翠鳥科翠鳥屬
棲息環境	海岸或河川、湖泊、池塘等的水邊
體長	170mm
翼展長[※1]	240～250mm
其他物種	冠魚狗

當我們跳入泳池中，濺起了水花，會受到強烈的衝擊而覺得疼痛，那是因為水的阻力比空氣大[※2]。即使同樣是流體，當物體高速闖入狹窄封閉的空間裡時，會產生更大的阻力。因為這個原理，新幹線（高鐵）的列車通過隧道時，會產生「隧道音爆現象」（⬇左頁專欄），引發噪音的問題。

反觀翠鳥飛入水中捕魚時，幾乎不會濺起水花。因為翠鳥流線形的細長鳥喙，能減少流體的阻力。新幹線的研發從這個現象獲得了靈感，時速高達300km的日本500系新幹線列車，還有後來的車型也都採用了這個設計[※3]。

※1 鳥類雙翼完全張開時，雙翼第一根初級飛羽末端之間的長度。※2 水和空氣都可以稱為「流體」。潛水艇前進的速度不像飛機那麼快，是因為水（液體）比空氣（氣體）更重、密度更高，所以阻力也更大。

新幹線的列車模仿翠鳥美麗的外形，空氣阻力（摩擦力）變少，不僅節省能源，還能安靜的行駛呢！

新幹線能安靜的通過隧道是翠鳥嘴形的功勞

新幹線的噪音問題

當新幹線開進隧道時，隧道裡密閉的空氣會受到列車擠壓，列車一前進，空氣就會像海嘯一樣越滾越大，以音速往隧道的出口衝出去。當空氣如空氣槍的氣勢從隧道的出口噴出時，會隨著衝擊波發出巨大的聲響。不過，翠鳥解決了新幹線沿線隧道的環境問題，牠真是超級英雄！

※3 模仿翠鳥的新幹線解決了隧道的噪音問題，型號700系之後的列車改為模仿鴨嘴獸的設計。

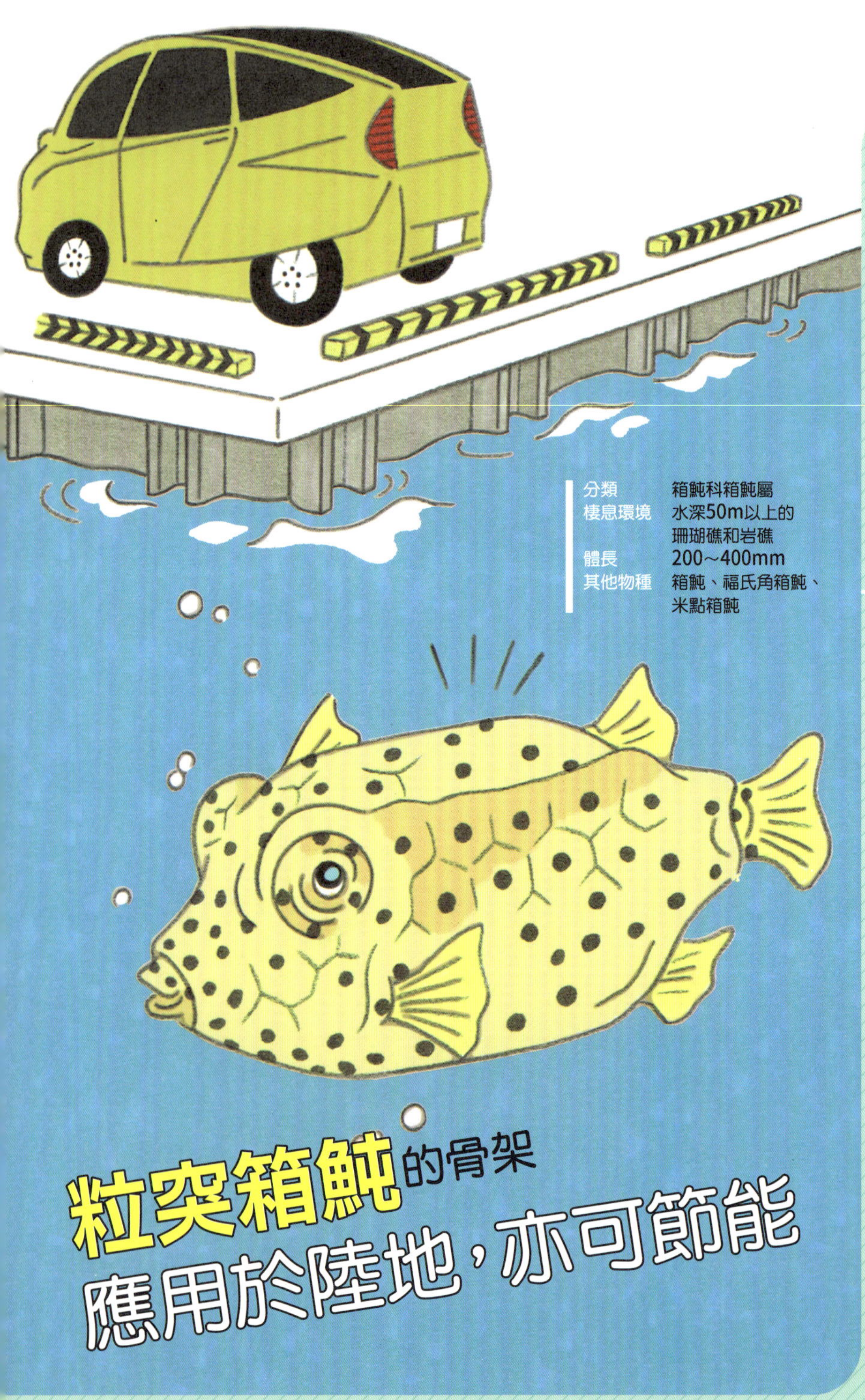

分類	箱魨科箱魨屬
棲息環境	水深50m以上的珊瑚礁和岩礁
體長	200～400mm
其他物種	箱魨、福氏角箱魨、米點箱魨

粒突箱魨的骨架 應用於陸地，亦可節能

不只是飛機和新幹線，汽車為了節能，也參考海中生物的構造喔！

外形四四方方的箱魨雖然無法快速的前進和轉彎，不過牠以小巧的身形游泳時，速度比想像的還要快。

箱魨有名叫「骨板」的堅硬骨骼保護身體，箱子形狀的外觀也成了汽車造型的範本。四方形的外形能讓車內擁有寬敞舒適的空間。而且，箱魨的外骨骼既輕薄又堅固，車廠也以牠為參考，設計出輕量又強韌的骨架。經過流體力學的測試實驗，終於實現了四方形也能降低空氣阻力的形狀。汽車的造形輕巧又堅固，受到的空氣阻力也小，是節能、有效率的交通工具。

輕巧堅固的身形

粒突箱魨的外骨骼

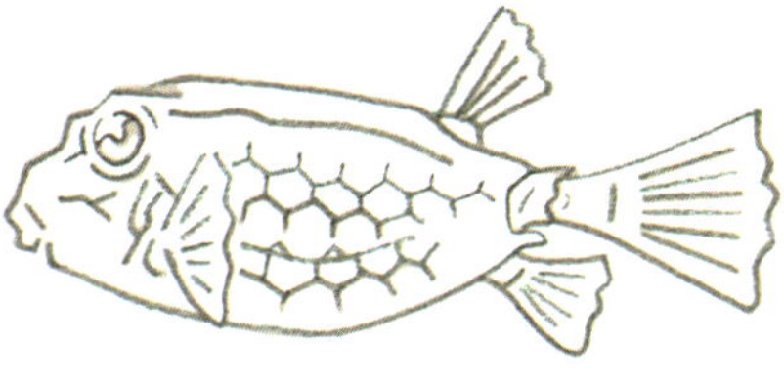

箱魨的外骨骼由六角形龜甲狀的骨板（➡下方專欄）排列組成，結構堅固，皮膚則會分泌黏液，含有毒性物質「鎧魨毒素」（pahutoxin）。

模仿箱魨的車形骨架

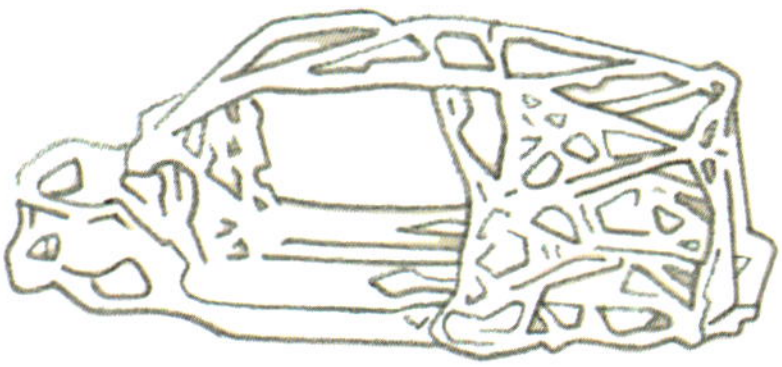

賓士公司參考箱魨的外骨骼，以仿生技術設計出汽車的架構。不光是幾何學，在力學上也是最合適的造型。

生物的身體奧祕

以四種魚鰭快速移動

箱魨的身體是由名為「骨板」的六角形骨骼包覆，堅固的骨骼能抵禦外敵的攻擊和撞擊。箱魨的外骨骼很堅硬，所以身體不能彎曲，但牠能靈活的運用胸鰭、臀鰭、背鰭和尾鰭游泳。箱魨要快速變換方向或停下來的時候，會使用操縱性能好的胸鰭；要瞬間加速時，會加上臀鰭和背鰭輔助，並用尾鰭保持平衡。如果以每秒鐘移動幾倍體長距離的「體長倍速率」來計算，箱魨能獲得超過6倍的成績，比起游泳很快的海豚是4～5倍，還要更快。這是因為箱魨在瞬間移動時，受到的水流阻力較小。

貓頭鷹和角鴞可以不發出聲音飛過來，讓人嚇一跳。鳥的飛羽有什麼祕密呢？

分類	鴞形目鴟鴞科
棲息環境	草原、過冬時期在河岸邊等溼地草原
體長	0.3~0.4m
翼展長	0.9~1.1m
其他物種	毛腿漁鴞、雪鴞、長耳鴞

角鴞是貓頭鷹的同類，頭上的羽毛看起來像耳朵又像角，所以有了這樣的名字。貓頭鷹以捕捉野外的田鼠等小動物為食，為了不被獵物發現，必須靜靜的捕捉才行。鳥類拍動飛羽的時候，會在飛羽周圍引起較大的空氣渦流，而發生聲響。不過，貓頭鷹的飛羽呈現小小的鋸齒狀，不會引起大的空氣渦流，所以能夠不發出聲音飛翔。

新幹線行駛時，空氣撞到列車上的集電弓※會帶來衝擊，使列車出現搖晃和聲響。於是，工程師效法貓頭鷹的鋸齒狀飛羽，解決這些問題。

※新幹線列車由高架線路連接電力的設備，架設在車頂上。

角鴞的飛羽讓新幹線能安靜的行駛

生物的身體奧祕

能判斷微弱聲音的來源

許多貓頭鷹左右兩邊耳朵的高度不一樣。如此一來，聲音傳到左右耳的時間就會不同，貓頭鷹可藉此得知獵物的正確位置。另外，貓頭鷹的大圓臉就像個集音器，具有集中放大微弱聲音的功能。

集電弓的鋸齒設計

新幹線的設計模仿了角鴞的鋸齒狀飛羽，以減少行進間的空氣阻力，達到節能的效果。同時，還能減輕列車的搖晃程度，乘坐更舒適。

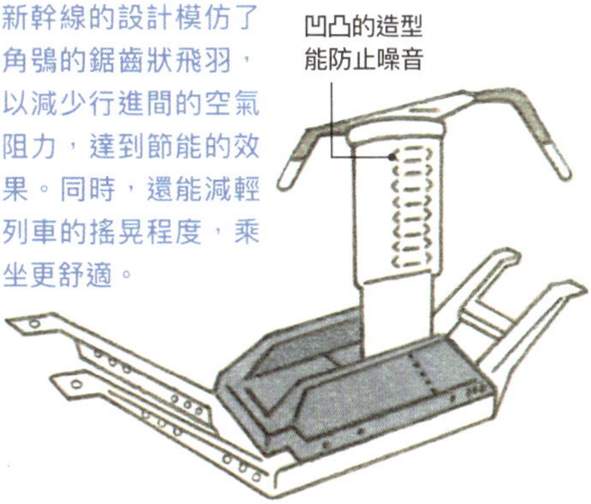

黃嘴天鵝的飛行隊伍 讓飛機也節能

鳥類的過人之處不只是飛羽的形狀，群體飛行的技能也很厲害，蘊藏節能的巧思呢！

分類	雁鴨科天鵝屬
棲息環境	湖沼、淺河周邊
體長	1.1～1.5m
翼展長	2.1～2.8m
其他物種	小天鵝、瘤鼻天鵝

黃嘴天鵝在冬天時，從西伯利亞飛到日本來過冬，屬於冬候鳥。據說牠們的移動距離可長達3000km。許多候鳥為了長途飛行，必須減少體力的消耗，會排成倒V字形的隊伍。

鳥類只要一展翅，就會產生空氣的渦流，以翅膀為起點往後方流動。由於空氣渦流是朝斜後方往上流動，所以位在該位置的鳥，身體會自然升起，能輕鬆的飛行。接著，跟在後頭的鳥也選擇飛在斜後方，所以候鳥才會呈現倒V字形的隊形。飛在最前頭的鳥因為承受空氣的阻力，比較容易疲累，所以鳥群會輪流擔任領隊。此外，若是長途飛行的話，據說牠們甚至會一邊睡，一邊飛。

目前，像這樣倒V字型的飛行原理已運用在航空技術的研發上。如果數架飛機列隊飛行，就可以減少燃料的消耗，期待將來更節能的飛航型態能夠問世。

候鳥的飛行方式

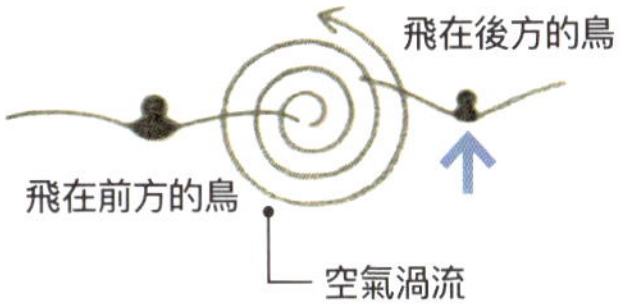

鳥類飛行時，翅膀引起的空氣渦流會在後方產生氣流下降和氣流上升之處。渦流的大小則依翅膀形狀等因素而異。

飛機的機翼模仿老鷹的翅膀

老鷹的初級飛羽尖端呈現圓弧狀，能夠減少翅膀引起的空氣渦流，產生升力，讓身體飄浮起來。飛機也模仿了這個原理，把機翼的前端設計成斜斜往上揚的形狀。這兩片上揚的小板子叫做「翼尖小翼」，能讓飛行有效節能。

分類	座頭鯨屬
棲息環境	小笠原群島、沖繩、美群島等的日本近海
體長	11～16m
其他物種	長鬚鯨（鬚鯨屬）

座頭鯨的胸鰭掌握了改良風力發電的關鍵！

利用大自然的力量來發電也是阻止地球暖化的對策之一。風力發電就是運用了鯨魚的智慧喔！

座頭鯨有群體生活的習性，成群在大海裡悠游覓食，並在溫暖的海域養育幼鯨。座頭鯨的胸鰭是鯨魚當中最長的，形狀扁平而彎曲。牠的胸鰭上有大大小小的顆粒（節瘤），邊緣的部分也凹凸不平。大多數魚類的鰭是只有後面的部分呈現凹凸狀，但座頭鯨的胸鰭在前側的邊緣也有節瘤。當海水從節瘤之間流過，可以減少水的阻力。另外，這樣的胸鰭構造讓座頭鯨在浮出海面、變換方向時，減少體力的消耗。

　節瘤的原理也可應用在風力發電設施的風機葉片上，來控制

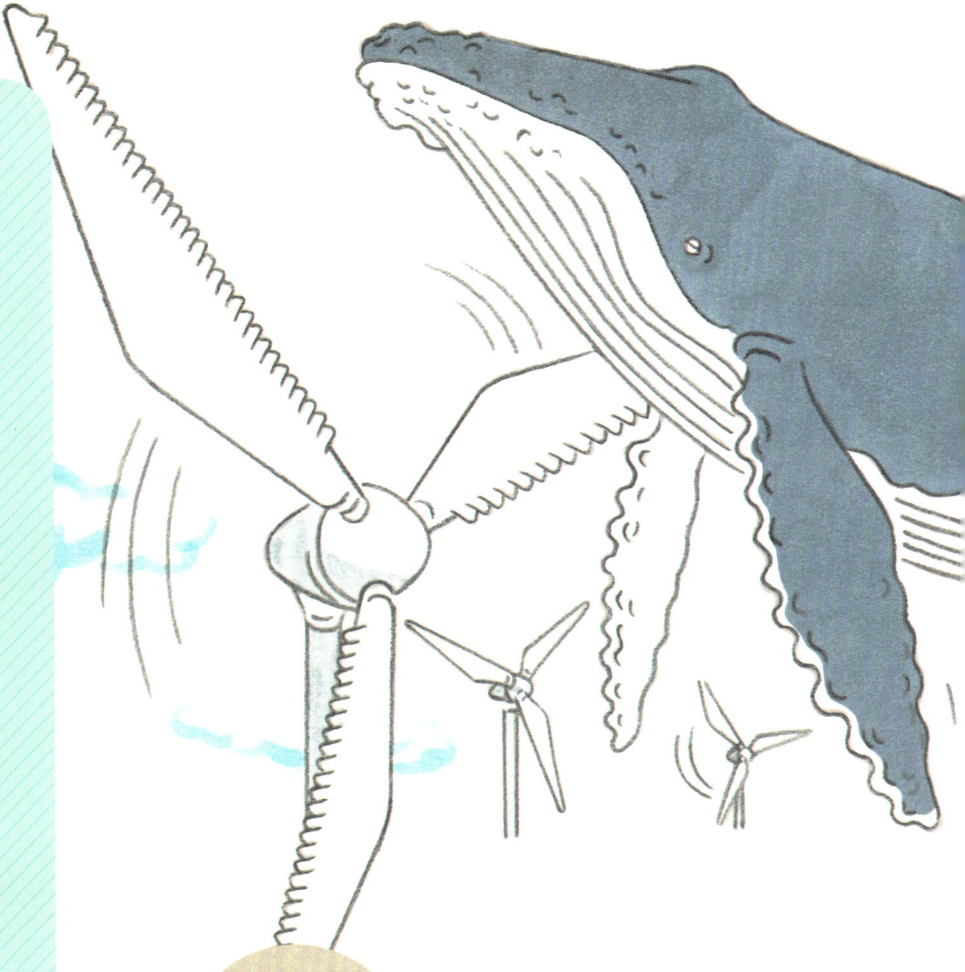

空氣的流動，成為更有效率的發電系統。還有，工業用的電風扇也利用這個技術來減少能源耗損，搧動更多的空氣，吹送出更大的風。

生物的身體奧祕

鯨魚的溝通術

鯨魚在廣闊的海洋裡，是以聲音與同伴溝通（➡頁44）。聲音在深海的地方傳得很快，據說牠們能聽到數千公里以外同伴發出的聲音。對鯨魚而言，人類駕駛船隻所發出來的聲響也許是噪音。

水流動也會產生很大的力量。我曾聽過水力發電，所以也有利用大海或河水發電的技術嗎？

分類	海豚科寬吻海豚屬
棲息環境	熱帶～溫帶靠近陸地的海域
體長	2～4m
其他物種	真海豚（海豚屬）、虎鯨（虎鯨屬）

瓶鼻海豚又叫做「寬吻海豚」，在日本是一種廣為人知的海豚。據說牠們游泳的速度最快可高達時速50km，關鍵就在於尾鰭。瓶鼻海豚上下擺動尾鰭，就能獲得推進力。牠們的尾鰭很柔軟，沒有骨頭，往上擺動時使用背部的肌肉，往下拍打時不需要用力，是很有效率的游泳方式。

研究海流發電的科學家模仿海豚的尾鰭，製造出柔軟的板子，讓板子隨海流上下擺動，再把動力轉換成電力。這是在發電過程中不會排放二氧化碳，對環境友善的能源。

瓶鼻海豚的泳技是海流發電的模範

生物的身體奧祕

左右腦輪流睡眠

海豚會一邊睡覺，一邊游泳。因為牠們的左腦、右腦可以輪流進入睡眠狀態。當右腦在睡眠的時候，閉著左眼游泳；左腦在睡眠的時候，則是閉著右眼游泳。

海流發電的原理

發電設備上裝置著柔軟的板子，隨著海流上下擺動。發電設備從這個機械性的動作獲取電力，而且也不會像硬質的螺旋槳一樣，容易纏到海藻或垃圾。

分類　柄眼目黏液蛞蝓科
棲息環境　山谷和森林
體長　130～160mm
其他物種　蛞蝓、網紋野蛞蝓

目前已有利用陽光的太陽能發電技術，
沒想到雪國的太陽能光電板竟然跟蛞蝓有關係！

為減少二氧化碳的排放，利用大自然力量的發電技術正受到關注。太陽能光電板就是其中之一，也就是在高處如建築物的屋頂上設置光電板，利用陽光來發電的裝置。像北海道這種氣溫低的地方，越是能夠有效率的運用太陽能發電，所以目前正在興建大規模的發電設施（太陽能發電廠）。不過有個問題是，寒冷的地方會下雪。太陽能光電板上一旦積雪，發電量就會大幅減少。所以，如果可以不靠電力或熱能來為太陽光電板除雪，冬天也許就能獲得穩定的供電。

山蛞蝓的黏液讓太陽能光電板不積雪

這時，山蛞蝓提供了解決的線索。蛞蝓的身體會分泌黏液，去除沾到身上的泥土，是一種愛乾淨的動物。科學家從蛞蝓的特性獲得靈感，開發出冰雪不易附著的透明聚合物材質（塑膠）。

這種材質含有油，唯有溫度降到零度以下，油才會滲出表面，形成一層油膜。這麼一來，即使在冬天，太陽能光電板也不會積雪結冰了。因為只要有風吹或些許震動，落在太陽能光電板的雪就會因為本身的重量滑落到地面上。

以奇異海蟑螂為鑑，太陽光電板更輕巧

分類	等足目海蟑螂科
棲息環境	主要生活在海岸、溪流、潮濕的山區
體長	30～50mm
其他物種	北海蟑螂、琉球海蟑螂、小笠原海蟑螂、溪流海蟑螂

從生物的特殊本領中，也能找到有效利用太陽能發電的方法呢！

昆蟲、甲殼類等動物左右兩邊都有一對由許多單眼組成的複眼（⬇頁49）。生活在海岸邊的海蟑螂屬於甲殼類，不分白天和黑夜，都會出來活動。為了躲避天敵、覓食、尋找同伴，海蟑螂的複眼發揮很大的功用。在缺乏遮蔽物和人工光源的海邊，白天的陽光非常刺眼，到了夜晚，人的眼睛只能看到一片黑暗。然而，海蟑螂在這樣的環境中，依然能順利無礙的生活。

其中的奧祕在於牠們擁有變換自如的太陽眼鏡，也就是能改變焦距的單眼和感光細胞，可以在晚上接收更多的光。而且，感光細胞中的色素顆粒（⬇頁101）會自動移動，調節光的強度。此外，細胞中的感光物質在夜晚甚至增加到白天的三倍之多，所以海蟑螂在黑暗中也能看見四周。

人類製造的太陽能光電板目前大多都還是放置在戶外，看起來不甚美觀。如果仿效海蟑螂複眼的集光能力，就能以小型的太陽能光電板，收集到更多的陽光，而且體積小一點，更便於汰換施作。

生物的身體奧祕

能吸水的腳

海蟑螂的腹部有鰓，第六、七對腳上有細密的毛，可運用細毛把水送到鰓※。就算細毛斷了或沾到一點垃圾，構造上還是能夠繼續吸水。這樣的原理也運用在大樓的外牆，當夏季天氣炎熱時，牆壁會把水吸到上頭，代替冷氣來降溫。

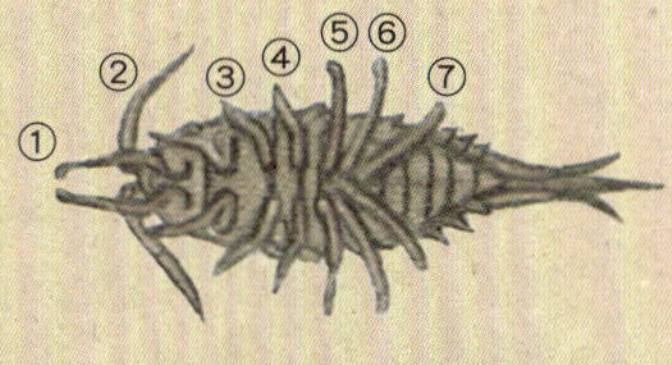

海蟑螂的腳

※ 海蟑螂的第六對和第七對腳上有細毛，且必須在兩對腳併攏時才能把水送到鰓，以免鰓太潮濕，反而不能呼吸。

模仿向日葵種子的排列法，收集太陽熱能來發電！

分類　菊科向日葵屬
生長環境　陽光充足的地方
高度　約生長到3m

太陽所散發的熱能也能用來生產能源。太陽熱能發電技術的祕密就藏在向日葵裡喔！

向日葵看起來是一朵大花，其實裡面集合了許多小花。蒲公英也是類似的構造。各個小花之間沒有空隙，由中心往外呈螺旋狀的排列。這個規則性的排列方式把有限的面積利用到極致，容納了眾多的種子。向日葵種子的這種排列方式在數學上，稱為「費波那契數列」（⬇下圖），將它運用在太陽熱能發電的系統設備上，就是將一面面聚光用的反射鏡依循向日葵種子的排列方式，往中央的聚光塔照射，集合太陽的熱能，再以渦輪發動機來發電。

向日葵種子的排列規則

什麼是費波那契數列？

1+2 → 3, 3+5 → 8, 8+13 → 21, 21+34 → 55, 55+89 → …

1, 1, 2, 3, 5, 8, 13, 21, 34, 55, 89 …

1+1 → 2, 2+3 → 5, 5+8 → 13, 13+21 → 34, 34+55 → 89

順時針方向的線數

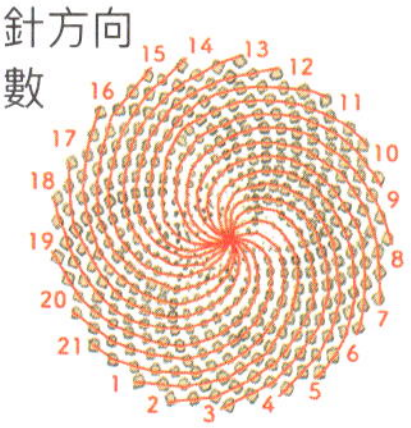

逆時針方向的線數

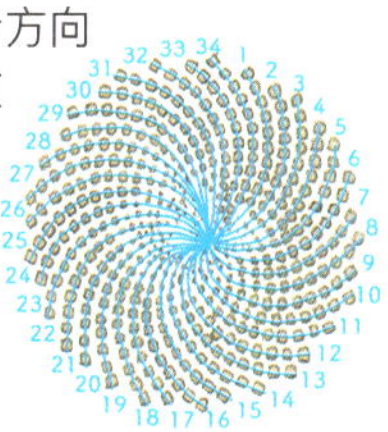

費波那契數列是指，不管哪一個數字，都是前兩個數字加起來的總合。以向日葵的排列方式為例，逆時針方向的線有21條，順時針方向的線有34條，或是也有逆時針方向的線有34條，順時針方向的線有55條的情形。

利用太陽光的熱能

拿放大鏡把太陽光聚焦在黑紙上，黑紙會開始冒煙，燒出一個洞來。紙張的燃點是300℃左右，可見陽光的熱能有多強。像這樣集結太陽光的熱能把水煮沸的話，就可以發動蒸汽機。利用這個原理來發電的技術叫做「聚光型太陽熱能發電」。

植物以陽光進行光合作用製造氧氣的本領也很厲害！模仿植物的人工光合作用技術也在開發中。

模仿植物的光合作用，以太陽光製造塑膠

地球上的生物之所以能生存，是因為有植物行光合作用。植物以太陽光把二氧化碳和水合成為有機物，並製造生物不可或缺的氧氣。在人工光合作用的技術領域裡，把太陽光轉換成電力的太陽能發電，或是利用光能來合成物質的光觸媒，目前都正在研究開發的階段。如果能以二氧化碳為原料，製造可分解的塑膠材料，便可減少人類對煤炭、石油等石化燃料的依賴，打造出碳循環經濟的基礎，進而解決地球暖化和塑膠汙染海洋的問題。

植物行光合作用的原理

光合作用是❶光反應→❷碳反應（又稱暗反應）的過程，大致分成兩階段進行。進行光合作用少不了名叫「葉綠素」的綠色色素。這些葉綠素存在於植物細胞中的葉綠體內部。

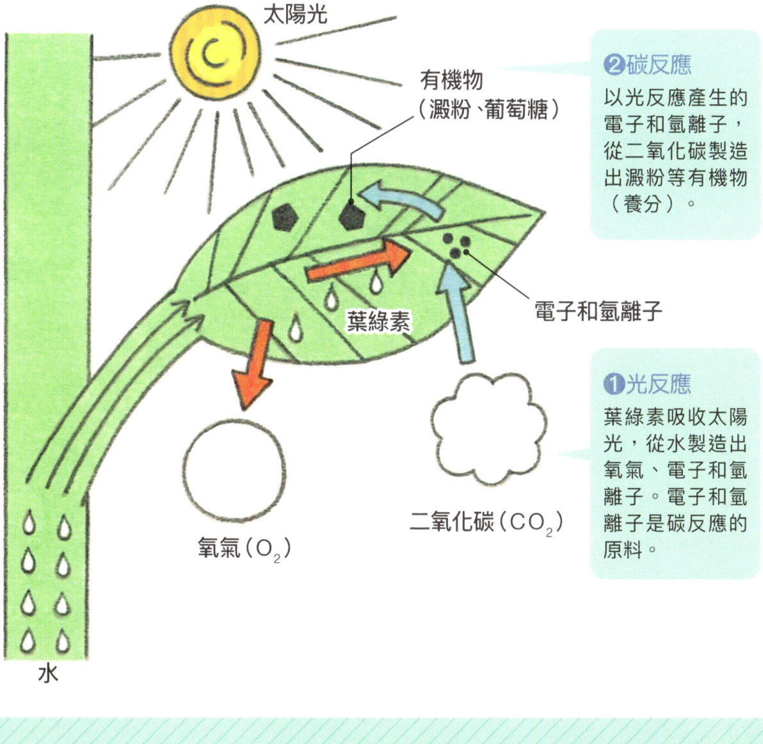
太陽光
有機物
（澱粉、葡萄糖）
❷碳反應
以光反應產生的電子和氫離子，從二氧化碳製造出澱粉等有機物（養分）。
電子和氫離子
葉綠素
❶光反應
葉綠素吸收太陽光，從水製造出氧氣、電子和氫離子。電子和氫離子是碳反應的原料。
二氧化碳（CO_2）
氧氣（O_2）
水

源氏螢火蟲的光
比任何燈泡都節能！

分類	鞘翅目螢科
棲息環境	水邊的樹林或草地
體長	15mm左右
其他物種	紅胸水螢、姬熠螢、窗螢、北方鋸角螢

※1 在螢火蟲演化的過程中，發光原本是為了嚇唬敵人，後來變成溝通用的信號。
※2 LED燈泡比鎢絲燈更省電，壽命更長40倍左右。

螢火蟲的光好神祕！大自然當中，
還有其他會發光的生物，好想親眼看一看！

初夏時，小河邊就會有螢火蟲發著光點綴夜空，此時的牠們正在和同伴溝通※1。螢火蟲有2000種以上，能發光的有源氏螢火蟲、紅胸水螢、姬熠螢等部分物種的雄性。至於螢火蟲發光的顏色、閃爍的頻率、時間長短則隨物種而異。

發明王愛迪生發明鎢絲燈泡不過是120年前左右的事。在此之前，人類使用煤油燈、瓦斯燈，或是燃燒木材來獲得光亮。鎢絲燈的原理是以電力加熱燈泡裡面的金屬細線「鎢絲」來產生光。假設讓燈泡發光所需的電力是100％的話，真正用於發光的能源比率稱為「能源轉換率」。一般而言，鎢絲燈泡的能源轉換率只有10％左右，其餘90％的電力成了人類看不到的光線或熱能。即便是號稱節能省電的LED燈泡※2，能源轉換率也只有30~50％而已。這些浪費掉的能源好可惜對吧？反觀螢火蟲是藉由化學反應來發光，能源轉換率竟高達90％呢！相信不久的將來，人類會模仿螢火蟲發光的原理，發明出能源轉換率更高的LED燈泡。

夜晚大海裡的藍光

夜裡的大海，有時可以在波浪間看到藍色的光點，這是名叫「夜光藻（藍眼淚）」的海洋浮游生物發出來的光。夜光藻是一種原生生物，比起一般只有1～2mm的原生生物如草履蟲等，體長大得多。只要給予夜光藻物理上的刺激，牠們體內就會閃閃發光。雖然看起來很美，不過夜光藻是形成「紅潮」※3的代表性生物，數量太多的話，也會帶來問題。

※3 海水裡的浮游生物異常增生，造成海水變色的現象，可能使魚類的鰓被堵住或海水的含氧量不足。

Chapter2

示範未來機器人與探測器的生物

人類因為懂得使用工具，擴大生活的範圍，才能建立起文明，創造了文化。二十一世紀的人類社會擁有堪稱最先進的工具，如機器人、AI、寬頻資訊技術，以及高效率的物流系統來連結全世界，大大改變了生產與勞動的模式。生物所擁有的直覺、運動能力、溝通方式，能為人類開發機器人和感測器，提供什麼樣的線索呢？

我們動物能在陸上走、海裡游、天上飛，還能在黑夜裡捕捉獵物，或是跟遠處的同伴溝通、互助合作。生物擁有人類沒有的感官，能到達人類無法前往的地方。聽說人類正試著模仿我們，開發新的機器人、感應器與資訊科技！

有些生物能以超音波接收器和同伴溝通或捕捉獵物，成為人類發明出魚群探測器等聲納設備※的範本。還有，互助合作的生物也提供人類研發工作機器人的線索，可望活用在基礎建設、交通運輸等領域。另外，可以在狹小空間移動的機器人也是模仿生物的動作，有助於災害現場的調查和救難。不過，人類使用機器人的方式，也可能帶來危害。科技為我們帶來便利生活的同時，倘若將無人機和人形機器人當作戰爭武器，不僅傷害人民，也破壞了自然環境。在面臨地球暖化問題的時刻，我們更要謹慎思考使用科技的方式。

※ 聲納是以音波探測物體的設備。取「聲響航法」和「測距」的英文「sound navigation and ranging」的開頭字母，縮寫成「SONAR」。

東亞家蝠的超音波 讓視障人士能安全行走

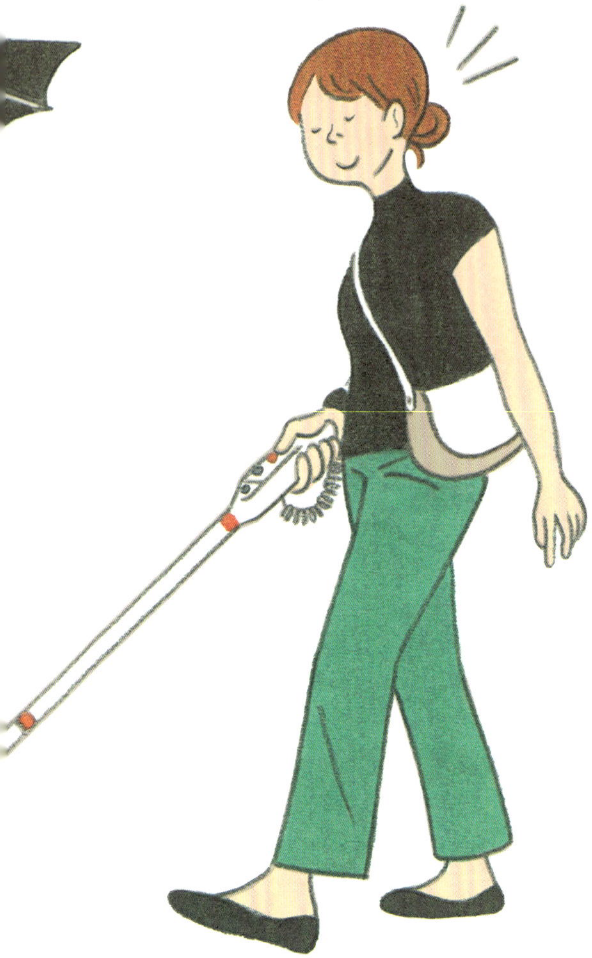

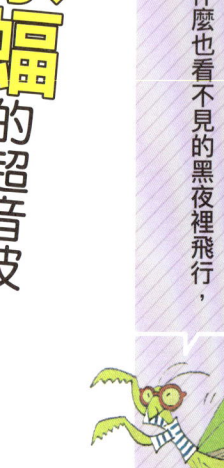

蝙蝠會在傍晚飛出巢穴，利用人類聽不見的超音波，到處尋找可吃的食物。曾經有實驗在黑暗的房間裡擺放了障礙物和誘餌，再放出蝙蝠，發現蝙蝠可以不撞到障礙物，順利捉到誘餌。之後，在房間裡也播放人類聽得到的聲音，結果還是一樣※，表示蝙蝠是用超音波感知三次元的世界。

近來，有科學家參考蝙蝠的超音波能力，開發出視障人士專用的白手杖，搭載了超音波探測器。白手杖上的探測器會發出超音波，蒐集周邊環境的資訊，像是地勢是否高低不平。這個技術

※ 在房間裡播放接近蝙蝠叫聲的聲音時，蝙蝠就撞到障礙物了。

分類	翼手目蝙蝠科
棲息環境	市區等平地區
體長	50mm左右
其他物種	狐蝠、馬鐵菊頭蝠、小笠原大蝙蝠

對於自動駕駛的汽車和飛機等快速移動的交通工具，也有輔助的功能。

蛾能聽到蝙蝠的超音波

蛾是蝙蝠的獵物，擁有只聽得到蝙蝠超音波強弱的耳朵（聽覺受器）。當蛾發現微弱的蝙蝠超音波時（即蝙蝠還在遠處），就會往聲源的反方向飛走；發現超音波增強時，牠就會立刻停止飛行，出現如自由落體般掉落的唐突行為，以求自保。蝙蝠的超音波和蛾的聽覺受器其實是不同屬性的器官，但不同物種間的溝通還是能成立。

藍鯨可以在北極和赤道與同伴傳訊溝通

藍鯨在大海裡能藉由聲音獲取環境的資訊，還能和遠方的同伴溝通呢！

鯨魚和人類一樣是哺乳類，藍鯨最大可長達34公尺，體重超過190公噸，是地球生命史上體長最大的動物。比起光，更擅長利用聲音與同伴溝通，還能夠回聲定位（自己發出聲音，再以反射回來的回聲為參考資訊，判斷對方所在的位置和距離）。

藍鯨所屬的鬚鯨一族不愧擁有巨大的身軀，可在靠近北極的高緯度海域覓食，儲存營養於體內，再回到溫暖的低緯度海域繁殖，進行大規模的迴游。這個時候，牠們會利用名為「聲學通道」（sound channel）的海

分類	鯨目鬚鯨科
棲息環境	遠洋海域
體長	26～33m
其他物種	北方藍鯨、侏儒藍鯨、南極藍鯨

生物的身體奧祕

海豚的對話

海豚和鯨魚一樣屬於哺乳類，能發出比鯨魚更高的聲音。牠們的噴氣孔（頭頂上用來呼吸的孔洞）裡有發聲器官可以發出超音波，並用頭部前方的器官「額隆」（melon）集中超音波投向對方，再以下顎的骨頭接收反射回來的聲波，藉此判斷對方的方向和距離。

層。儘管大海的水壓和水溫會改變聲音的傳導方式，聲學通道的海層，卻能讓聲音像是被封在這個通道裡前進，耗損少，所以可以傳得很遠，讓藍鯨能和幾千公里外的同伴溝通。只要參考這個原理，未來不用電力的遠距離通訊也將成為可能。

日本巨山蟻的觸角是研發氣味探測器的範本

日本有首童謠叫做《幫忙跑腿的螞蟻先生》，不知道螞蟻在路上遇到同伴時，都在說些什麼呢？

分類	蟻科巨山蟻屬
棲息環境	田地、林蔭處、住宅區、公園等
體長	7～12mm
其他物種	東京巨山蟻、名和四斑巨山蟻

日本巨山蟻會以氣味來區別自己的同伴和其他巢穴的螞蟻，牠們身上灑著數種「香水」，雖然組成的成分相同，但隨著時間過去和巢穴的差異，香水的成分比例也會有所改變。螞蟻就用頭上的兩隻觸角來辨別香水。當兩隻螞蟻相遇時，首先會用觸角觸碰對方的身體，再決定要打架，還是互助合作。如果人類也能做出這麼高性能的探測器，也許就能從氣味來偵測食物中的農藥殘留量和種類，或是用來區分疾病的類別。

借用蟋蟀的觸覺，未來的傳染病對策萬無一失！

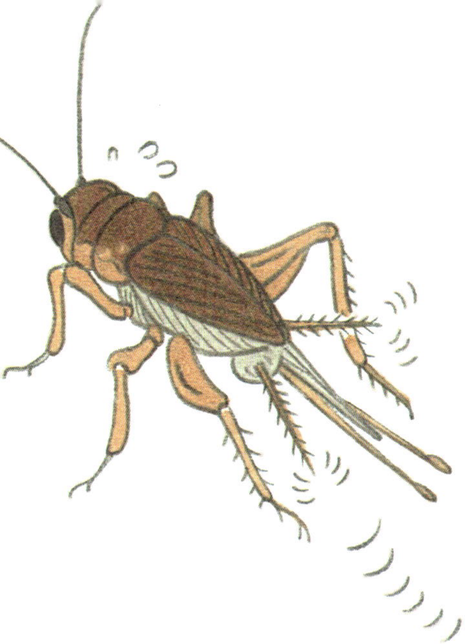

昆蟲有各種觸覺可以感受氣味或味覺，甚至是空氣的流動、壓力、聲音、溫度，藉此蒐集身邊環境的資訊喔！

分類	直翅目蟋蟀科
棲息環境	田地、草原、家屋附近、森林
體長	10~40mm
其他物種	螞塚蟋蟀

當天敵接近時，蟋蟀會從空氣的流動察覺異狀，往反方向逃生。蟋蟀的身上有一對稱為「尾絲」的突出物，是一種感覺器官，表面有數百根細長的感受毛，隨著氣流擺動。尾絲只要受到一定程度的刺激，細毛根部的感覺細胞就會發出電子訊號。如果能發明出像蟋蟀一樣的探測器，留意環境裡氣流的細微變化，就能偵測空氣中是否含有病毒，對於新型冠狀病毒等傳染病也能採取更有效確實的預防對策。

視覺、聽覺、觸覺、味覺、嗅覺統稱為「五感」。接下來介要紹生物的視覺和眼睛方面的知識。

車子裝上魚眼，確保交通安全

分類	脊椎動物門有頷下門
主要物種	青鱂魚、鯰魚、鰻魚、鯛魚、鮭魚
棲息環境	大海、河川、湖泊中
體長	數公釐～數公尺

人的眼睛裡有一片薄薄的水晶體，功能就像照相機的鏡頭，不過在水中悠游的魚兒則是擁有圓滾滾的水晶體。如果生活在陸地上的生物擁有這種魚眼的話，光是單眼就有180度的視角，兩眼加起來，可以看到360度的景象，真是好方便呢！

近年來，為了確保汽車的用路安全，有車廠採用了這種魚眼原理的鏡頭。在車子前後的左右兩邊加裝魚眼鏡頭，再以電腦統合各鏡頭的資訊，就能在螢幕上顯示車子周圍360度的景象※。多虧魚眼的監視，守護了車子的用路安全。

※ 魚眼鏡頭的視角超過180度，但由於車體會遮住部分視角，所以一台車需要4個魚眼鏡頭才能看到360度的環境。

人類只有兩個眼睛，
我們昆蟲的複眼有好多個小眼睛，很厲害吧？

蜻蜓的小眼

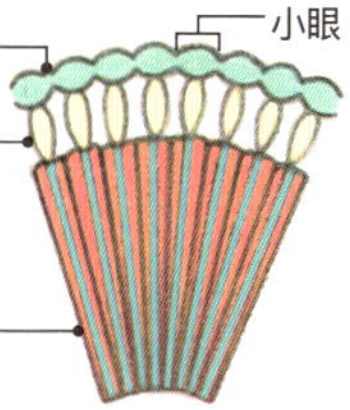

在角膜和圓錐晶體底下有感光的感桿束。單個小眼可以看到約1度的視角。

分類	蜻蛉目勾蜓科
棲息環境	平地的水池或山區的溪流
體長	90～110mm
其他物種	金班圓臀大蜓

無霸勾蜓的複眼是空中計程車的範本

蜻蜓的頭上左右兩邊，各有一對巨大的球狀複眼。尤其是一種名叫無霸勾蜓的大型蜻蜓擁有一雙複眼，總共集合了六萬個小眼。不僅可以看到360度的視野，還有絕佳的空間分析能力，能追蹤、獵捕到蛾、蒼蠅等飛行中的小昆蟲。

只要研究蜻蜓的高度成像視覺系統，就能開發出不會相撞的飛行器和無人機。法國已有科學家嘗試以昆蟲的複眼為範本，製造直升機。相信再過不久的時間，人類就能發明出安全的空中計程車。

有了蝦蛄眼睛裡的光學感測器，人類就能看到更多顏色！

分類	口足目蝦蛄科
棲息環境	從北到南的海域
體長	100～200mm
其他物種	黑斑口蝦蛄、沖繩蝦蛄

除了昆蟲，有些動物也有複眼，複眼具備人眼沒有的功能喔！

許多節肢動物都擁有一對複眼。複眼是眾多小眼的集合，總數隨物種而異，少的有數個，多的甚至有數千個，相差很大。為了調節進入眼睛裡的光，小眼有色素細胞，至於感光的性能則取決於這些構造和感光的物質※1。

大部分的節肢動物最多能接收到五種左右的光，不過有種蝦蛄的眼睛可接收十六種以上的光。不僅能看到人類必須借助特殊機器才能看見的紫外線，還能感知人類的眼睛無法識別的直偏振光和圓偏振光※2。

而且，蝦蛄的兩眼可以單獨

※1 又稱為「視覺物質」，蛋白質之中含有維生素A等物質，隨著不同物質的組合可接收到各種顏色。

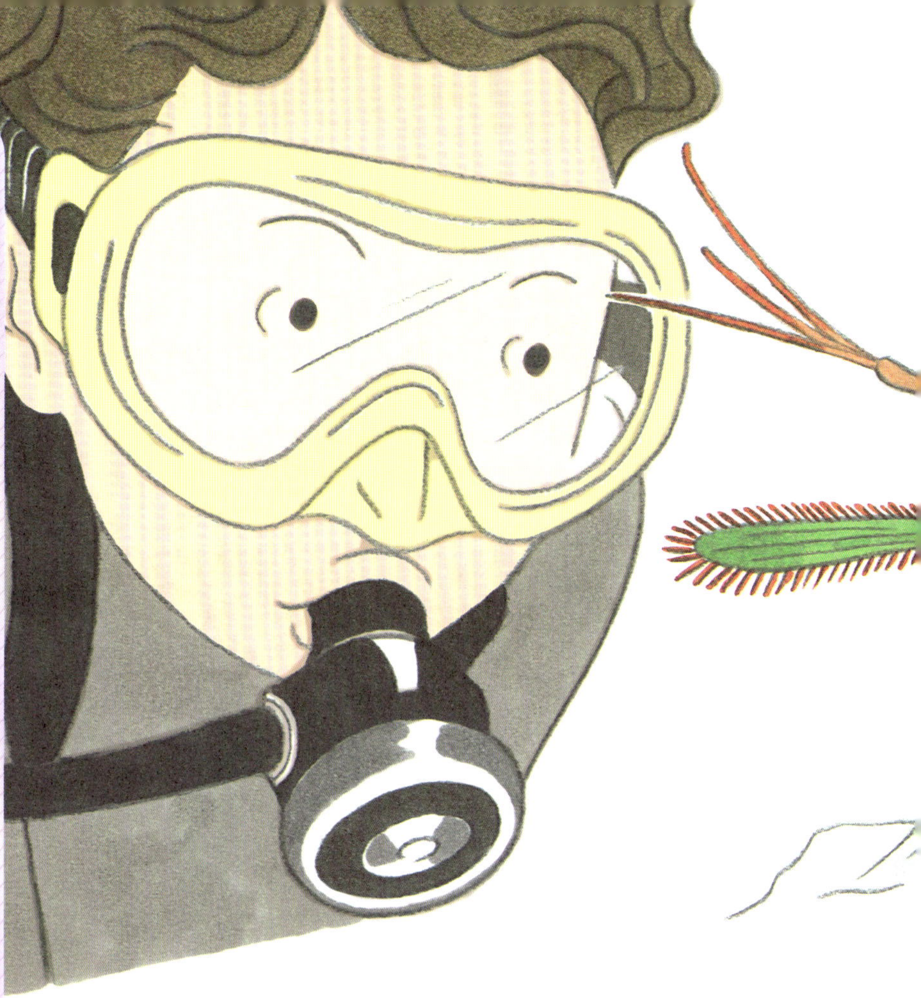

動作，只靠一隻眼睛來判斷深度。附帶一提，人類必須由大腦統合雙眼看到的景象，才能看到立體的樣子，也不能只動一隻眼睛吧？

目前，已有新型的光學感測器參考蝦蛄的眼睛開發而成，可以捕捉三、四色的偏振光。只要把這個感測器安裝到手機上，人類也能看到偏振光了。

※2 自然光會朝著四面八方一邊振盪一邊前進，而線偏振光是指在同一直線上振盪前進的光，圓偏振光則是畫著圓前進的光。自然光只要經過反射，就會變成偏振光。

分類　端足目跳蝦科的總稱
主要物種　擊鉤蝦、日本扁跳蝦、北海跳蝦
棲息環境　海邊沙灘
體長　約10mm

跳蝦自備導航系統，不管在哪裡都能以最短距離移動

我們的眼睛比車子的導航系統還厲害喔！
因為太陽就是路標，根本不用GPS！

生活在地中海沙灘上的跳蝦必須保持身體濕潤，否則無法呼吸，但如果一直泡在海水裡，也會死亡，所以牠們總是在海岸與陸地的乾沙灘之間來來去去。生物學家調查跳蝦行走的路徑，發現牠們總是以直角的方向，從海岸線返回陸地。跳蝦能以最短的距離移動，是因為牠們從太陽的位置推測方向。其他還有蜜蜂或是住在沙漠的螞蟻，也是以太陽的位置為基準，通知同伴食物的方位，並以最短的距離把食物搬回巢穴※。

人類也利用類似的原理為車子和行動電話加裝導航的功能。由於人類沒有掌握太陽位置的能力，所以是將太空船傳回來的信號當作定位的基準。但這需要電力，若是去登山好幾天的話，電池恐怕就沒電了。希望未來人類能發明出更輕、電力更持久、能上山下海的導航系統。不過，跳蝦和蜜蜂只有不到1公克的小小身體，就達成了這個了不起的性能呢！

以最短距離帶食物回家餵孩子

住在樹林裡的日本朱土椿象媽媽在巢穴裡養育孩子。牠們以Z字型在落葉上來回走動，為幼蟲尋找青皮木的果實，找到了就走最短的路徑回去。當牠走Z字型時，會計算方位和距離，然後依計算的結果返回巢穴。動物能像這樣自己離巢又回去，稱為「歸巢本能」。

※ 蜜蜂以太陽的位置為基準，搖著屁股跳舞，通知同伴花蜜的位置。住在沙漠的螞蟻外出覓食時，會採以鋸齒狀的路徑前進，折返時則以太陽的位置為基準，直線回巢。

蜘蛛的六個眼睛，是超小型的深度探測器

分類　蜘蛛目蠅虎科
棲息環境　世界各地的住家和草原
體長　數公釐～數十公釐
其他物種　安德遜蠅虎、褐條斑蠅虎、短額扁蠅虎

螳螂的複眼之間還有三個單眼※1
蜘蛛也有單眼，不過和我們的不太一樣喔！

跳蛛的頭部有兩個大眼和四個比較小的眼睛，身體會採跳躍的方式前進。白色的光之中，其實混雜著其他顏色的光，以凸透鏡來看的話，各種色光的焦距也有所不同，這個現象稱為「色差」。一般而言，色差的存在令人困擾，但跳蛛卻能利用色差，正確判斷出自己到獵物的距離。

目前，已有科學家參考跳蛛眼睛的構造，成功製造出比以前的機種更小型的深度探測器。期待將來的眼鏡型ＡＲ裝置※2也能搭載這個功能。

※1 昆蟲大多擁有複眼和單眼，蜘蛛則只有單眼（多則有8個單眼）。單眼主要是感知環境明暗的器官，少數能辨識距離和形狀。在構造上，單眼與構成複眼的小眼並不一樣。

接下來，我們來觀察生物的動作吧！

生物以五感獲得身邊的資訊，付諸各種行動。

有了**穿皮潛蚤**的跳躍力，機器人也能跳九公尺高

分類	隱翅目沙蚤科
棲息環境	乾燥的沙地、豬舍或鳥窩附近
體長	約1mm
其他物種	狗蚤、貓蚤

穿皮潛蚤的體長只有1公釐，卻能迅速在人類的皮膚上移動，跳躍20公分的距離。以身高160公分的人類來換算的話，就是擁有32公尺（約九層樓高）的跳躍力。相對於穿皮潛蚤的身形，牠們有一對特別大且發達的後腳，但沒有翅膀，因而減少了空氣的阻力，成就了驚人的跳躍力。科學家模仿穿皮潛蚤的跳躍方式，開發出能跳9公尺高的機器人※3。這種機器人也沒有翅膀，是用後輪像是蹬著地面般跳出去。

Chapter 2 示範未來機器人與探測器的生物

※2 虛擬實境可在真實景象加上影像或文字等資訊的技術中，以眼鏡型的AR裝置或攝影機顯示出來。
※3 跳蚤型的機器人尺寸是33cm×45.7cm×15.2cm，重量為5g。

分類	雨燕目蜂鳥科的總稱
主要物種	吸蜜蜂鳥、巨蜂鳥
棲息環境	熱帶和亞熱帶的森林
體長	50～220mm

我用四片翅膀在空中飛，鳥類只有一雙翅膀就能飛翔。
哎呀！我得小心躲好才行，不然要被吃掉啦！

模仿**蜂鳥**的超小型無人機在城市裡飛來飛去？

蜂鳥是全世界體長最小的鳥類，又稱「嗡嗡鳥」（Hummingbird）。牠們每秒鐘振翅多達80次，可以停在半空中，吸取花蜜。像這樣能在空中靜止不動的行為稱為「懸停」。為了實現微型無人機的目標，有科學家開發出蜂鳥型的機器人，叫做「奈米蜂鳥」※。只要在上頭加裝攝影機或探測器，就能使用懸停的功能蒐集影像和情報。雖然直升機、無人機等小型飛行器也能停在半空中，但遇到強風時，還是拍動翅膀飛行的蜂鳥比較能保持穩定。

鳥類和昆蟲的飛行方式是科學家嚮往的目標

鳥類和昆蟲依體型大小，飛行的方式也有所不同。滑翔飛行是如滑翔機的固定機翼，以展開翅膀的狀態慢慢下降高度，不需消耗太多能量，適合長距離飛行，常見於大型的鳥類。振翅飛行就是不斷上下拍打翅膀，來獲得升力和推進力，常見於小型的鳥類。因此，小型的鳥類可以靠增加振翅的頻率，停在半空中。體長更小的昆蟲也擅長振翅飛行，做出懸停、急轉彎、急速上升、急速下降的動作，擁有優異的飛行能力。此外，鳥類和昆蟲還具備協調的群體飛行力，對於需要多台群飛的次世代無人機來說，是值得關注的研發重點。

※ 英文原名是「Nano Hummingbird」。

有些昆蟲能空中飛、水裡游，還能壁上爬。真是萬能呀！

分類	雙翅目細蚊科
棲息環境	成蟲生活在溪流邊或樹蔭下，幼蟲生活在水流和緩的溪裡或池水中
體長	3~5mm
其他物種	日本細蚊、小細蚊

有些昆蟲棲息在水邊，包括會叮人的蚊子也是水邊的生物。蚊子的幼蟲叫「孑孓」，牠們平常把屁股伸出水面來呼吸空氣，有敵人出現時，就潛入水中。

細蚊雖然和一般的蚊子長得很像，但不會吸血。細蚊的幼蟲選擇了不同於家蚊的生活方法。牠們總是附著於水面，躲避敵人時，就往下直墜游走。因此，細蚊的孑孓擁有適合這種移動方式的「泳圈」，也就是尾巴和五個長著許多小細毛的腹節，具有附著於水面和在水中作為舵的功用。其中的奧祕是，孑孓的身體

有細蚊的泳圈
就不用穿救生衣？

分成含油脂的撥水部位和親水部位。泳圈的部分因為有油脂，所以能浮在水面上，但會變得不易前進。為了要在水裡前進，就需要舵，而舵只要能完全浸入水中就能發揮功能。

如果把這個單純的原理應用在我們的衣服纖維上，去海邊釣魚時，萬一不小心落海也不用擔心溺水了。在這個發明實現之前，大家去戲水時，都要記得穿上救生衣喔！

天上有鳥，陸地和水裡有蛇、蜥蜴或是魚，牠們會以敏捷的動作襲擊我們，真是不能大意啊！

分類	黃頷蛇科
棲息環境	森林、草原、沙漠、河川、大海等
體長	0.8～2m
其他物種	黃頷蛇、日本蝮蛇

蛇

沒有手腳，卻能靈活的運用關節扭來扭去前進，不僅可以在沙漠上行走，還會爬樹，甚至在水中游泳。

於是，有科學家模仿蛇的動作開發出救災用的機器人。這種機器人能順利的穿過狹窄的通道，鑽入人類進不去的地方協助勘查。何況在瓦礫散亂的災害現場，通常要花上不少時間才能找到生還者。期待蛇型機器人在發生災難時派上用場，協助人類順利找到待救傷患。

像日本錦蛇一樣扭動的機器人是救災的得力幫手

水陸兩用機器人的模範

有一種叫做「砂魚蜥」※1的蜥蜴，會以像是魚在游泳的動作，潛入沙地裡移動。牠們身上的鱗片摩擦力很小，所以可以在沙裡來去自如※2。此外，蜈蚣※3在陸地上是用腳（許多隻腳）行走，在水中則扭動身體游泳。這些生物靈活適應環境的動作也成為了水陸兩用機器人的參考模型。

沙地上的砂魚蜥

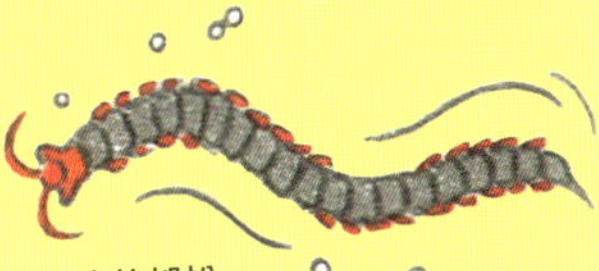

水中的蜈蚣

※1 砂魚蜥棲息在中東和非洲的沙漠。 ※2砂魚蜥的鱗片比不沾鍋的鐵氟龍材質摩擦力更小。 ※3 一種有很多腳的節肢動物。

海扁蟲的行走方式 讓機器人在凹凸不平的地上順利前進！

有些生物即使沒有手腳或翅膀，
還是能自由自在的移到各種地方活動呢！

分類	扁形動物渦蟲綱多歧腸目的總稱
主要物種	黑線偽角扁蟲、大角扁蟲、偽角扁蟲
棲息環境	海邊
體長	100mm

海扁蟲是一種生活在海邊的扁平生物的總稱。牠們大多是橢圓形，表面有黏液，有些種類身上的色彩鮮豔。海扁蟲的身體可以變形貼在石頭上，而且在凹凸不平的地方，也能像匍匐前進般行走，所以可以鑽進狹小的石頭縫隙裡覓食。海扁蟲當中，有些物種還可以扭動身體在水中游泳。

科學家模仿海扁蟲的動作，連接數個關節，開發出可以在崎嶇路面上扭動行走的機器人。而且，目前也進一步研發能扭動柔軟的板子在水中游泳、在地上爬行的水陸兩用機器人。

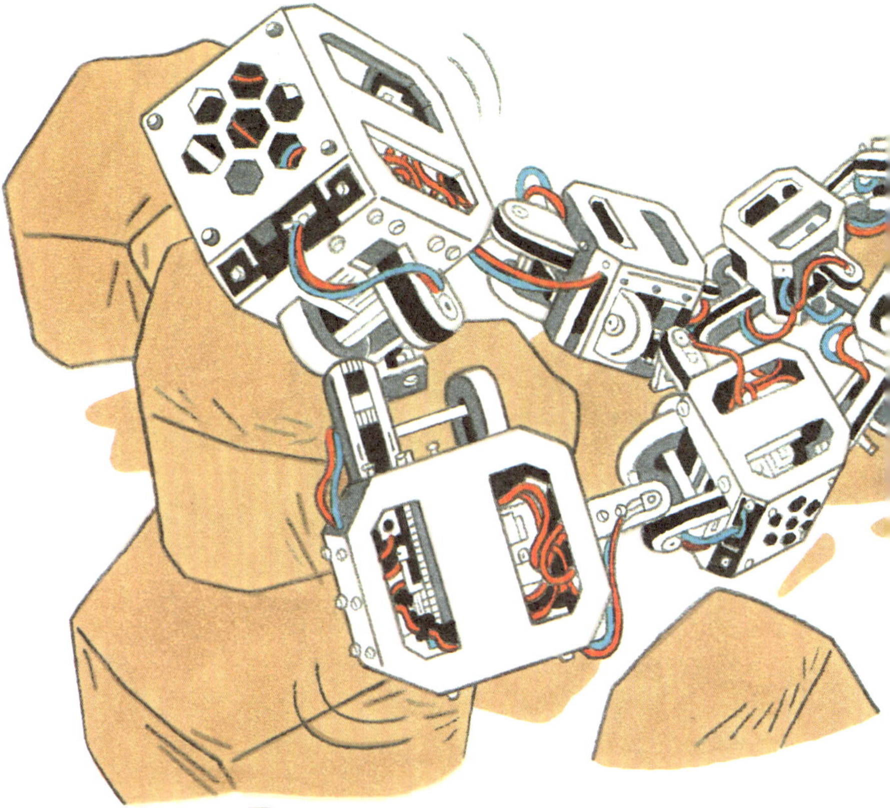

這種海扁蟲型的機器人可在危險的災難現場或人類進不去的地方，大大發揮功用。

生物的身體奧祕

海扁蟲沒有肛門，也沒有雌雄之分

海扁蟲沒有肛門，牠們用身體下方的嘴巴進食，也用嘴巴排泄。海扁蟲常被誤認為海蛞蝓，不過海蛞蝓是軟體動物，並擁有從嘴巴到肛門的消化器官。而且，海扁蟲沒有性別的差異，都是雌雄同體，有些物種甚至具有河魨毒素。

和人類同屬於哺乳類的動物當中，也有四條腿的短跑健將喔！重點是我們能向牠學到什麼？

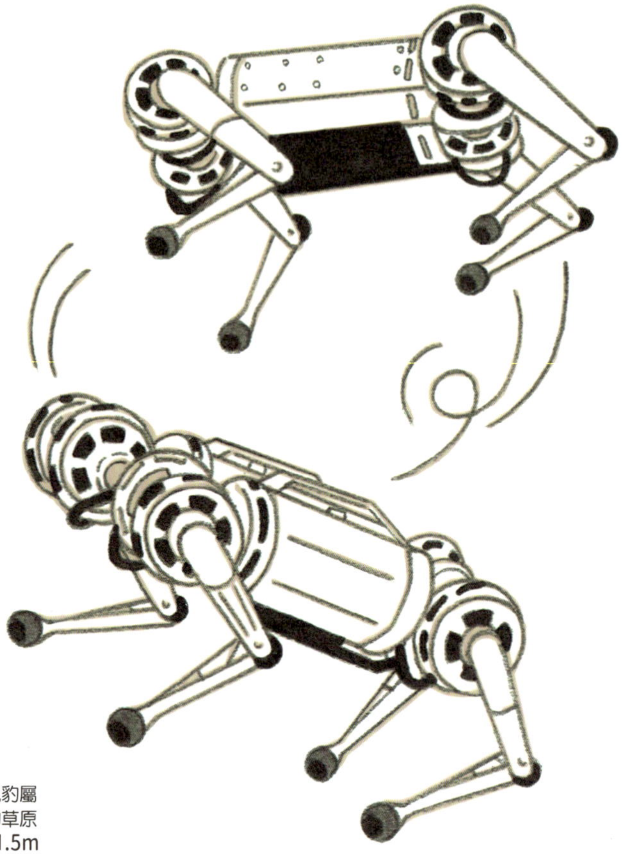

分類	貓科獵豹屬
棲息環境	非洲的草原
體長	1.1～1.5m

陸

地上跑步速度最快的動物是獵豹，自然也成為人類開發機器人的參考對象。美國一家以開發機器人著稱的公司「波士頓動力公司」發表了一款能以時速25公里自主行走的獵豹型機器人[※1]。他們試做出來的機器人[※2]雖然能以時速45公里的速度跑步，但是需要連接電線。後來，麻省理工學院在電腦上重現機器人的行走方式，再加以改良，又研發出迷你獵豹機器人[※3]，能以時速14公里的速度在各種地形穩定的跑步，而且還會轉換方向或後空翻。

※1 名叫「Wild Cat」。※2名叫「Cheetah」。※3 名叫「Mini Cheetah」。

能快速行走的機器人

仿自世界上跑最快的獵豹

四腳走路的機器人模仿動物的跑步方式

獵豹能跑這麼快是因為牠在奔跑時，所有的腳都離開地面的狀態（稱為「騰空期」）會表現出兩種技巧：一種是用後腳蹬地面，身體伸長；另一種是用前腳蹬地面，身體彎曲。舉例來說，馬在奔跑時只有身體彎曲的騰空期，而獵豹藉著重複兩種騰空的動作，擴大自己奔跑的步伐。對於開發四腳走路的機器人，像這樣分析動物的動作是非常重要的。波士頓動力公司還發明了另一款叫做「Spot」的機器狗，可以協助人類巡視工廠、遠端操作、救災等，但應該嚴格禁止用來作為戰爭的武器※4。

※4 可能被當成「致死自主武器系統」，不用人類操控就能設定目標發動攻擊。

什麼是永續的人類社會？
分工合作過著群體生活的螞蟻和蜜蜂或許能告訴我們答案。

搬運型機器人的目標是日本巨山蟻的合作機制

螞蟻因為過著群體的生活，而有社會性昆蟲之稱。當工蟻在外面發現了食物，就會把食物搬回巢穴的糧倉。如果食物太大，一隻螞蟻搬不動，就必須通知其他同伴一起來幫忙。有時甚至多達數十隻螞蟻聚集起來，通力合作搬運食物。

在研發機器人的領域裡，螞蟻合力搬運食物的機制也受到矚目。假如一台機器人搬不動貨品，周圍的機器人就會自行做出判斷，一起過來幫忙搬運。目前，科學家正在開發這樣的運作系統，想要實現能隨機應變的機器人，似乎已經離我們不遠了。

分類	蟻科巨山蟻屬
棲息環境	田地、林間、住宅區、公園等
體長	7～12mm
其他物種	東京巨山蟻、名和四斑巨山蟻

生物的身體奧祕

利用費洛蒙以最短的距離找到食物

螞蟻會釋放出名叫費洛蒙的化學物質，做為覓食的路標。只要追蹤同伴的費洛蒙，就能從巢穴以最短的距離抵達食物的位置。因為繞遠路的地方，費洛蒙會逐漸消失，所以螞蟻只會朝最近的路走。

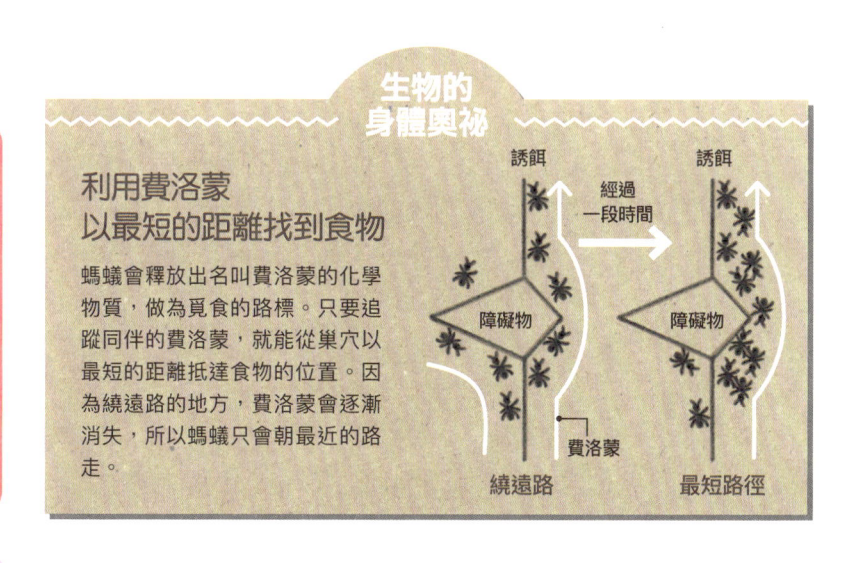

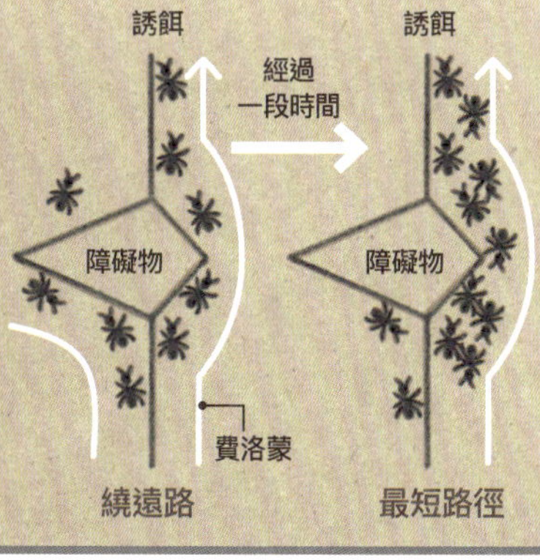

Chapter3

幫助人類打造宜居城市的生物

人們隨著居住地的繁榮逐漸往外擴大生活的範圍。儘管日本預計未來的人口將減少，對於森林與農地的開發卻依然沒有減緩的跡象。反觀地球上的其他生物只為生存取用必要的資源，活用最小限度的成本和能量。就如螞蟻、蜜蜂等社會性昆蟲都懂得互助合作，井然有序的利用自己的生活空間，可說是都市建設的優良範例。

熱鬧繁華的城市裡有各式各樣的店家，這一點就像大自然裡存在著各種生物，充滿了豐富的「生物多樣性」比較好一樣。正因為有各種不同的物種，才不會因為發生天災等環境的變化，使得整個生態系毀滅。這樣的韌性就叫做「永續性」！

生物不僅示範了打造城市的方法，也為組成城市的零件提供許多有用的線索。例如，各種建築物的建材要怎麼蓋才堅固耐用？防波堤要怎麼設計才能防止災害？隧道等社會基礎建設要怎麼挖鑿才有效率？重要的水資源和能源要如何確保？關於這些問題的答案，生物都能給人類不少提示。

建築的模範

76頁

獲取飲用水的模範

74頁

防波堤的模範

84頁

挖隧道的模範

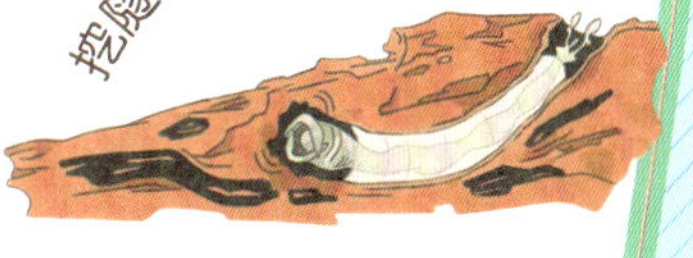

82頁

我們昆蟲不太喜歡下雨。
為什麼蝸牛的殼在雨中，不會被泥水弄髒，總是光亮如新呢？

日本栗蝸牛的殼就像不容易髒的優秀磁磚

分類	柄眼目南亞蝸牛科
棲息環境	濕度高、潮濕的地方※
殼的直徑	19mm
其他物種	左旋蝸牛、三條蝸牛

包括日本栗蝸牛在內的柄眼目南亞蝸牛科，殼上都有無數的小溝。這些小溝會吸收空氣中的水分，在蝸牛殼的表面形成一層薄薄的水膜。因為水和油不相溶的關係，所以殼不容易沾附油污，就算髒了，也很容易被雨水沖洗乾淨。對蝸牛來說，背上的殼就是不容易髒的舒適住家。

於是，人類參考蝸牛殼的原理，製造出不容易髒的磁磚，貼在住宅的外牆上。由此可說，蝸牛殼也為人類實現了舒適的住家。

※ 蝸牛也有喜歡乾燥環境的種類。2015年，在降雨量少的日本岡山縣、香川縣部分地區發現新種類，命名為「昭蝸牛」。

利用只有鳥看得見的顏色，打造人和鳥都安心的窗子

就算是同樣的東西，人類和鳥類看到的樣子完全不一樣，好想知道從其他動物眼中所看到的世界是什麼樣子喔！

主要物種	白腹鶇
分類	雀形目鶇科
棲息環境	森林草木、都市的公園和綠地
體長	250mm

鳥類擁有四色的視覺，能辨識紅色、綠色、藍色和紫外線。人類只能看到紅色、綠色、藍色這三種顏色，所以鳥類看到的景象和我們不太一樣。例如蜂鳥（➡頁56）就是以花瓣反射的紫外線為目標，尋找花蜜。

有時，鳥類會誤把反射在大樓玻璃窗上的樹林當成是真實的景象，一頭撞上而受傷。所以，有業者利用鳥類和人類視覺上的差異，製造出防止鳥擊的玻璃。這種玻璃上有著能反射紫外線的花紋，對於看不到紫外線的人類來說，看起來只是一片透明的窗子，但在鳥類的眼中，會看到網狀的紋路。

分類	半翅目沫蟬科昆蟲的總稱
主要物種	星尖胸沫蟬、天狗象沫蟬
棲息環境	日本各地多年生植物的周邊
體長	5～15mm

節約用水是很重要的事，向生物學習，未來泡澡的用水量可能只要現在的十分之一！

你曾在樹枝或草叢上看到一團泡泡嗎？其實那是沫蟬的幼蟲搞的鬼。沫蟬會對自身分泌的液體吹空氣來起泡，當成自己的巢穴。只要待在泡泡裡面，就不會被敵人攻擊，也能維持舒適的溫度。

如果運用這個原理來泡澡，會如何呢？這麼一來，泡澡的水量只需要平常的十分之一以下就足夠，泡泡也可以加熱，具有溫暖身體的效果。而且，由於沒有水壓※的負擔，對年長者或行動不便的人來說，是更輕鬆的泡澡方式。

※ 身體在水中會承受水的重量，也就是水壓，水越多水壓就越大，增加對心臟等器官的負擔。

沫蟬的泡泡讓人洗個舒服又環保的泡泡浴

角蟬也是沫蟬的同類

沫蟬所屬的半翅目，包含蟬、椿象等大家熟知的昆蟲。其中，還有一種奇特的物種，那就是「角蟬」。角蟬依種類的不同，頭上或背上會長成像是刀劍、頭盔等奇形怪狀。至於為什麼會演化成這個模樣，原因雖然未明，但非常不可思議。

生物沒有水就活不去，為什麼有昆蟲能生活在不下雨的沙漠呢？

分類	鞘翅目擬步行蟲科
棲息環境	納米比沙漠
體長	10～20mm
其他物種	扁平擬步行蟲

擬步行蟲的背在沙漠也能集水

在幾乎不下雨的沙漠，擬步行蟲會善用自己的身體來獲取生存所需的水。由於海上產生的霧帶有水分，擬步行蟲會藉此讓空氣中的水分慢慢附著在自己身上。此外，牠還會順著風向抬高屁股，把水滴集中起來，再低下頭讓水滴滑落到嘴巴來喝水。因此，擬步行蟲又叫做「集霧蟲」。牠們背上的構造令人驚奇，能有效率的集結水分。如果把擬步行蟲的背部放大來看，會發現表面有細微的凹凸，由撥水的部分和親水的部分組合而成，所以容易形成水滴。

人類要在沙漠地區取得水並不容易，以淡化海水的方式獲取飲用水需要龐大的能源和成本。如果能運用擬步行蟲的絕活，就算不下雨，也能從水蒸氣獲得水分，那就太棒了。

擬步行蟲集水的原理

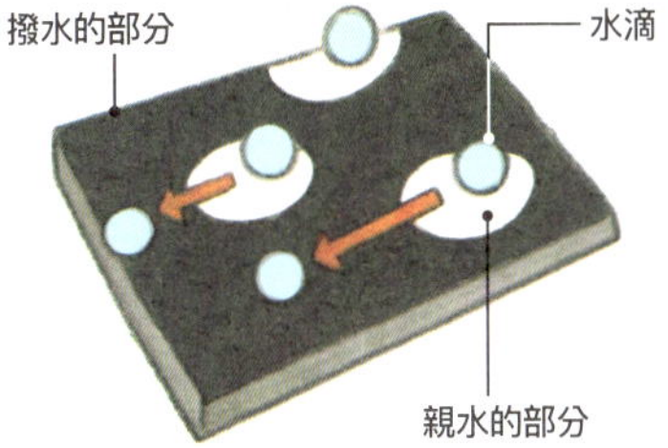

擬步行蟲的背上，水從撥水的部分滑到親水的部分，匯集成水滴後，再落下來。

適應炙熱沙漠的生活方法

擬步行蟲住在非洲的納米比沙漠，那裡是幾乎全年不下雨的炙熱沙地。因此，擬步行蟲平常會鑽進沙子裡，過著避暑的生活。另外，為了躲避蜥蜴等天敵的攻擊，牠們還擁有在沙子上高速奔跑的本領。

人類的骨頭成就了輕量又堅固的建築物

接下來要介紹對建築或都市建設有貢獻的超級英雄！
人類的身體也充滿了奧祕喔！

分類	靈長目人科
棲息環境	生活領域擴大中
成人身高	1.5～2m
其他物種	單一人種

動物的骨骼為了有效的支撐體重，骨頭本身的重量不能太重。因此，骨頭的表面是緊密堅硬的質地，但內部呈現網狀的構造（叫做骨小樑結構），這樣不但不會降低骨頭整體的硬度，同時還能實現輕量化。法國巴黎的艾菲爾鐵塔就是參考骨頭的構造（具體而言是人類的大腿骨）設計而成的。艾菲爾鐵塔以美麗的拱形為基座的骨架，其實那是倒放大腿骨的形狀，中間交錯的網狀鐵架就是從骨小樑結構獲得靈感。

人類的大腿骨

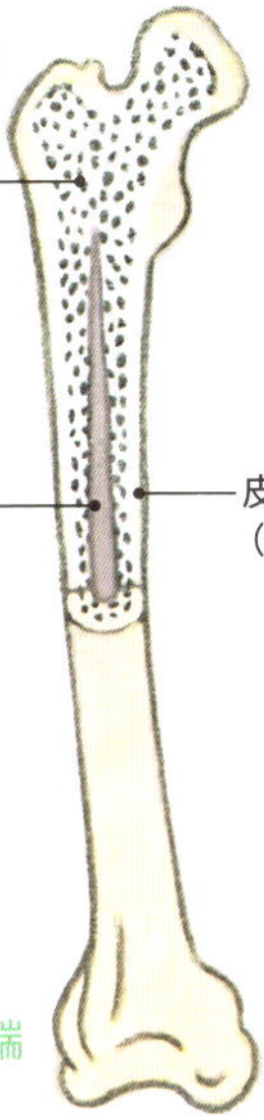

骨頭表面是堅硬的皮質骨，裡面是由網狀的海綿骨組成。海綿骨會因老化而減少，甚至惡化成「骨質疏鬆症」，可能只是跌倒就骨折了，甚至從此臥病不起。

蜂巢結構

正六角形像蜜蜂窩般排列整齊的構造，稱為「蜂巢結構」。這樣的結構只需要少許的材料就能達到必要的堅固程度，所以已運用於飛機、賽車或是車站月台上防止落軌的閘門。具體來說，就如右圖，用兩片板子夾住蜂巢結構的芯材，就能當作建材使用。

效法撒哈拉銀蟻的體毛，建造夏天也涼快的大樓

分類	膜翅目蟻科
棲息環境	撒哈拉沙漠
成人身高	8.5～1.1mm

沙漠上的生物都有與酷熱的天候相處的智慧。聽說住在沙漠的螞蟻會用身體反射陽光，來消暑喔！

世界最大的撒哈拉沙漠，陰天的平均氣溫約25℃，陽光直射時可達40℃以上，沙子表面的溫度甚至高達70℃。生活在這麼炙熱的沙漠上，撒哈拉銀蟻正如牠的名字一樣，身上有銀色的毛，在白天，牠會花十分鐘左右的時間，以每秒855mm的超快速度到外面尋覓稀少的食物。撒哈拉銀蟻的身上覆蓋著三角柱狀、凹凹凸凸的體毛，這樣特殊的銀色體毛會反射太陽光，把過多的熱氣散出體外。撒哈拉銀蟻就是利用這個效果，有效降低5~10℃的體溫，才得以在炙熱的沙漠中生存。

期待這個原理將來也能運用在住宅、大樓窗戶、汽車、衣服等物品上。就算戶外豔陽高照，只要室內或車內的溫度不會太高，就能幫助節能。

閃耀著銀光的毛

在撒哈拉沙漠的熱沙上，撒哈拉銀蟻能以飛快的速度1秒跑將近1公尺。身上銀色的毛具有降溫冷卻的效果，剖面呈現三角形。

在炙熱裡求生存 動物的智慧

耳廓狐是生活在沙漠的夜行性狐狸，大大的耳朵密布著微血管（細小的血管），從耳朵散熱以調節體溫，保護自己免於沙漠酷熱的傷害。

影像提供：Science Photo Library/PPS通信社

大白蟻的巢穴是環保的高樓大廈

讓空間裡的氣流自然循環，就能節省空調的用電。

分類	蜚蠊目白蟻科
棲息環境	草原
體長	3~40mm
其他物種	黃胸散白蟻、家白蟻

白蟻在生物的分類上，與其說是螞蟻，其實更接近的是蟑螂，廣泛分布在世界各地。其中，生活在熱帶、乾燥地區等氣候嚴苛的大白蟻會建造高達數公尺的蟻塚，過著集體的生活。

儘管白天的氣溫高達50℃，夜晚卻會降到0℃以下，在這樣的環境裡，蟻塚內部還是保持一定溫度和濕度。

蟻塚的表面有無數的孔洞，讓巢穴裡的空氣能從洞口由內往外循環流通。而且，白天和晚上巢穴內會產生相反的氣流，維持一個相對穩定的環境。簡直就像高樓大廈有自動控制的空調一樣呢！國外已有高樓大廈模仿蟻塚的原理建造而成，在建物的表面打洞，打造出空氣流通的路徑，即使不使用電力，還是能調節溫度，是一棟很環保的大樓。

白蟻的蟻塚內部

戶外的溫度不易傳到建築物裡面的建材叫做「隔熱建材」。蟻塚外側的土層經過白蟻的加工後，具有隔熱的效果。巢穴裡還分成養育幼蟲的房間、廁所、栽種真菌的地方等區域。

生物的身體奧祕

自己開農場的白蟻

大白蟻會把枯枝帶回巢穴，栽培真菌的菌種作為食物。大白蟻不種真菌，就沒有食物可吃；被白蟻栽種的真菌也只能在這個環境生長，這稱為「共生關係」。

想在城市的地底下挖隧道，又不能叫現有的建築物閃開，這種時候要怎麼辦？

任何地方都能挖隧道是蛀船蛤的功勞

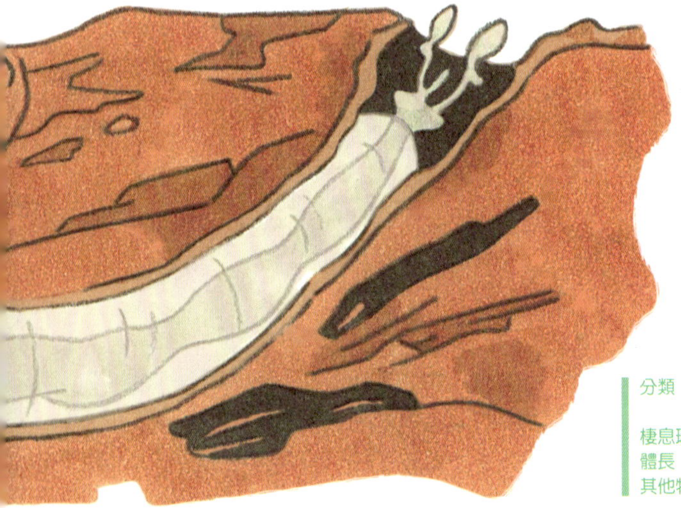

分類	蛀船蛤科雙殼貝類的總稱
棲息環境	海裡的木材
體長	100～500mm
其他物種	樹蟲

蛀船蛤生活在海中，是一種邊啃食木頭邊鑽洞的奇異生物，也稱之為「海中的白蟻」。牠在鑽洞的時候，身體會分泌含有石灰質的液體，像塗水泥一樣鞏固挖掉的地方，當成自己的巢穴。若是以這種方法挖隧道，就不需要地面上的工程，而是在地底下一邊挖洞，一邊前進，叫做「潛盾工法」。這種工法在150年前的倫敦，初次運用於貫穿泰晤士河的隧道工程中。如今，不管在海底、市區還是很深的地底下，難以在地面上作業的地方都可以挖隧道了。

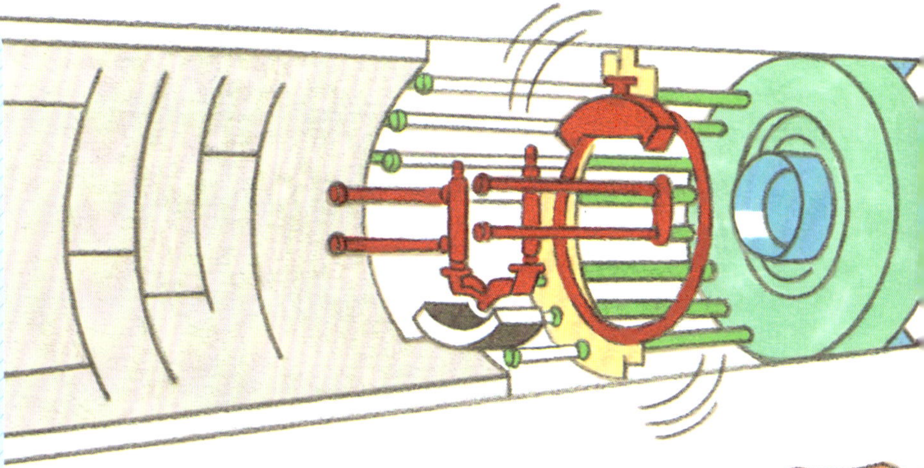

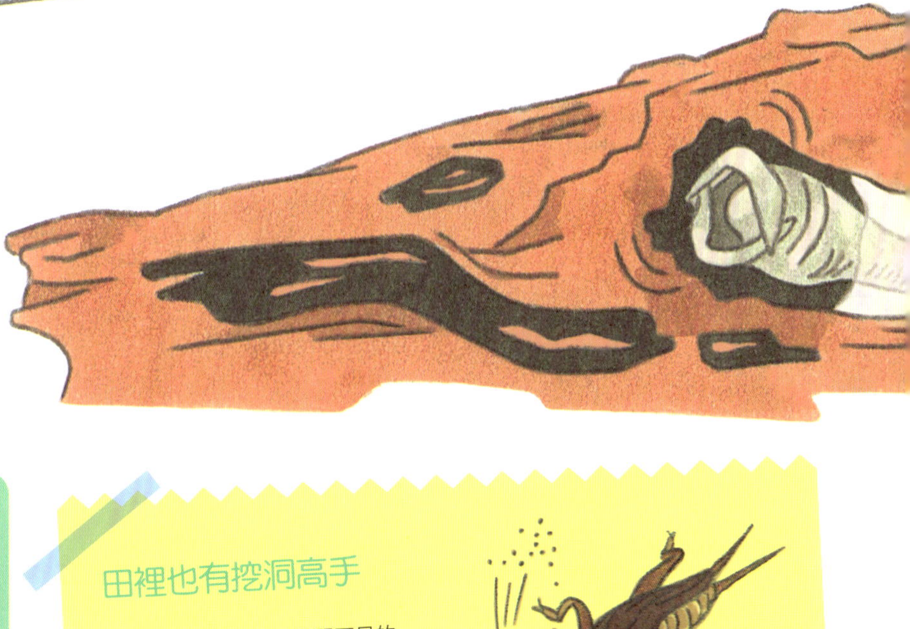

田裡也有挖洞高手

說到挖隧道的高手，田野可見的螻蛄也有一雙媲美挖洞機器的前腳。螻蛄不只能鑽土，也跑得很快，甚至會游泳，還能天上飛，可說是一種萬能的生物。

為了守護城市免於災害和外敵的入侵，
除了逃走之外，還有閉關這個方法。

像綠蠵龜的龜殼一樣固守城市

分類　龜鱉目蠵龜科
棲息環境　太平洋、印度洋、大西洋
體長　0.8～1.1m
其他物種　綠蠵龜加拉巴哥亞種

烏龜的身體構造有明確的防衛策略，那就是「以堅硬的龜殼保護身體」。當遇到危險時，烏龜會把柔軟的頭部和四肢縮進龜殼中，靜靜等待危險離去。即便跑不快、跳不高，烏龜還是給了我們啟示：只要好好防禦，就能活下來。

回顧人類的歷史，不難發現有許多城市都採取了同樣的「烏龜戰略」。例如歐洲自古常見以城牆圍住四周的城莊，可以說是一種巨大的龜型城市。還有日本的戰國時代，各地藩主也基於烏龜戰略，興建了許多城池。這些措施的共通點都是藉由封閉來度過危機，而不是積極戰鬥。利用堅固的防禦措施來守護城市，就這一點而言，防波堤和堤防的建設可說是以烏龜為師。

模擬黃磯膜海綿的構造，預防洪水災害

分類	屬於海綿動物門的動物總稱
主要物種	黃磯膜海綿、紫海綿
棲息環境	主要生活在溫暖的海域
體長	數公釐～1公尺以上

為了防止發生連堤防也擱不住的可怕洪災，該怎麼辦才好？

海綿廣泛分布於全球的海洋中，有各種形狀和大小，能從體表的孔洞吸水，獲取細小的食物顆粒。海綿的體內由網狀的纖維所構成，我們幾乎將牠應用於日常生活中※。

近年來，因為地球暖化的關係，豪大雨經常造成水災，令人憂心。為了防範於未然，在開發新市鎮時，必須事先設想萬一發生水患，要有能像海綿一樣吸水的設備。具體而言，就是採用吸水性良好的材質來鋪設公園、道路等，並且讓下雨帶來的水資源也能夠供妥善利用。現在，中國正應用於整備防洪措施，包含雨水蓄池和淹水時能蓄洪的綠地等，統稱為「海綿設施」。

海綿是動物

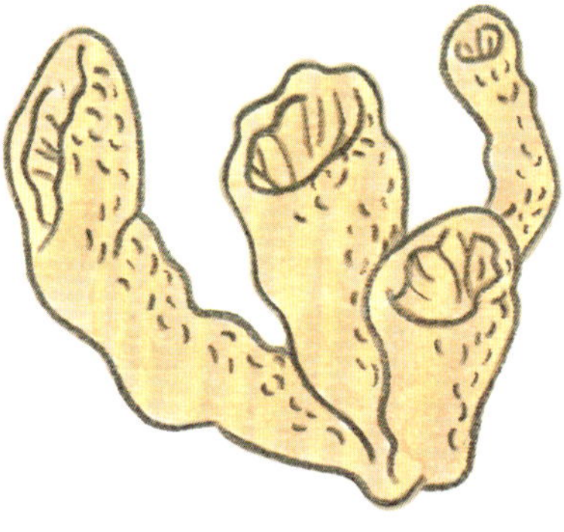

海綿附著在海中的岩石上，不能移動，卻是地球上打從太古以來就存在的動物。

※編註：現今多由人工製成

代謝症候群的人類

是都市建設的負面教材

分類　靈長目人科的一種
棲息環境　現代社會
腰圍　男性85cm以上
女性90cm以上

人類和城市一樣，過胖對健康不好。
我們要建設出代謝良好、肌肉結實的城市！

這裡把人類也視為一種動物，做為負面教材的例子。自古以來，地球上大多的生物都要花費一番工夫才能獲得基本的糧食，如今，現代人卻多半飲食過量，導致患有代謝症候群※的肥胖者不斷增加，引發各種文明病，對身體產生不良的影響。

日本的城市也出現同樣的問題。儘管各界都預測日本未來的人口會減少，人們還是一如往常的持續往郊外開發。於是，都市不斷擴張到比理想的規模還要大，而使生活環境罹患了「代謝症候群」，不僅空地和空屋變多，建設道路、下水道等基礎建設的預算也會增加。城市和人類一樣，都容易犯了短視近利的毛病。事實上，都市規劃應該要符合理想的身形。

人類應停止往只能仰賴開車往返的郊區開發，並打造不再增加空屋，大小合宜、機能便利的城市空間。

罹患代謝症候群的城市有諸多不便

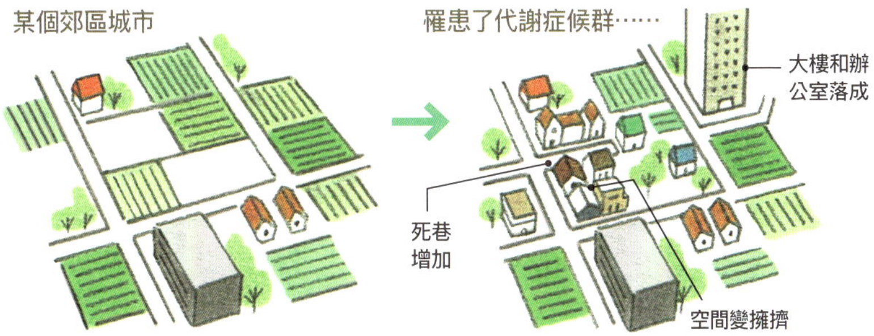

某個郊區城市
罹患了代謝症候群……
大樓和辦公室落成
死巷增加
空間變擁擠

患有代謝症候群的城市通常混合了住宅、高樓大廈和農地，景觀看起來雜亂無章，也容易發生問題，如房子的平均用地縮小、變成死巷的道路增加、下水道等基礎設施不完備。

※男性腰圍超過85cm、女性腰圍超過90cm，且血壓、血糖、血脂當中，有兩項以上的數值過高就會診斷為「代謝症候群」。倘若置之不理，就會導致高血壓、糖尿病，也可能引發中風或心肌梗塞，甚至猝死。

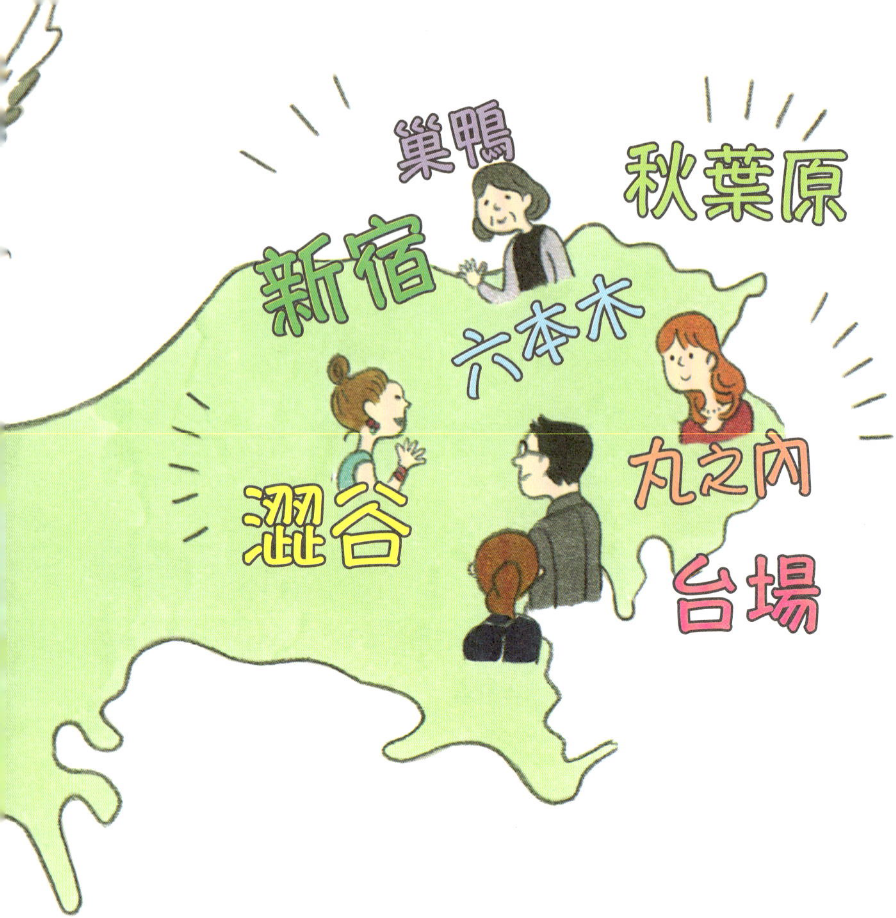

什麼是有魅力的城市？如果能輕鬆體驗到各種事，就會想去那個城市遊玩或居住吧？

眾所周知，有各種生物存在（＝生物多樣性高）的地方，較能夠永續的維持豐富的自然環境。生物會彼此影響，在世界上形成一個個生態系，所以生物的種類越多，在環境發生變化時，能互補的可能性也就較高。相反的，如果只有少數幾種生物，就容易因為一點變化，破壞了整個自然環境，讓衰敗的風險升高。

同樣的道理也適用於我們居住的城市。例如北海道夕張等城市，過去因採礦業而興盛一時，但由於依賴煤礦產業，以致於當產業衰退時，人口也跟著大幅減

像大自然一樣充滿生物多樣性的城市不會衰退！

少。另一方面，聚集了各行各業的城市不管有什麼產業撤走，其他的行業還是能夠補足。東京之所以比日本其他的都市更強韌，其中一個原因就是擁有多樣且性質相異的區域。就像擅長各種技能的人齊聚一堂，這個團隊就擁有更寬廣的可能性。要打造不衰退的城市，生物多樣性是相當有助益的概念。

謝詞：Chapter 3的內容獲JSPS科學研究費（20H02265）補助，特此感謝。

Chapter 4

實現環保富足生活的生物

自古以來，人類從大自然取得棉花、羊毛、蠶絲等天然資源。隨著時代的演進，自開發出用石油製造塑膠的技術之後，人類的社會開始發展產業，提升了生活品質。可是，河川和海洋卻因此充斥著塑膠垃圾，連棲息在這些地方的生物也受到嚴重的影響。為了守護美麗的河川、大海，還有地球上的生物，我們必須想出減少塑膠垃圾的辦法。

塑膠容器裡的液體殘留量

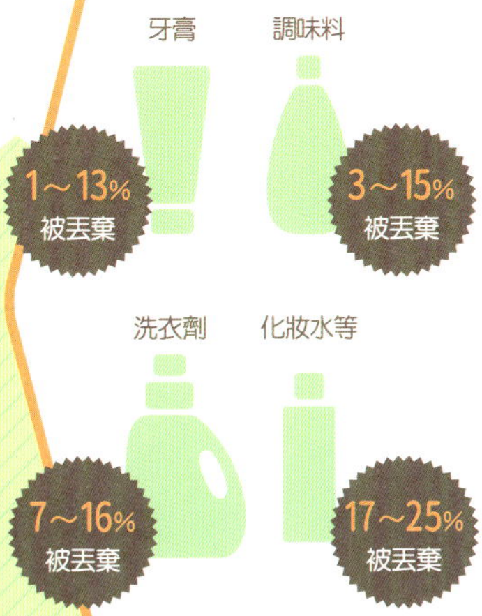

為了減少塑膠垃圾，守護美麗的河川、海洋和生物，減少塑膠的使用量是有效的方法。例如，人類日常使用的美乃滋、醬料、牙膏，很難用到最後一滴不剩吧？如果能研發出讓液體不會附著在容器上的技術，相對的，就可以使用更小的容器來包裝。光是改變容器的大小，每年就能省下多達5噸的塑膠用量喔！

容器中甚至還殘留有10%以上的內容物，如果能完全用完的話，就算把容器的體積縮小10%，用量也不會減少。

有些生物的身體表面蘊藏令人驚訝又聰明的特性，了解其中的原理發展出來的技術正受到關注。我們來看看哪些生物的智慧能讓人類的生活更加多采多姿吧！例如，有一種生物，體表有特殊的凹凸構造，利用空氣和水分（雨水）來撥水，就能去除油污或灰塵，維持清潔舒適的狀態，此將有助於減少塑膠垃圾。還有一些生物擁有絢爛的色彩和特殊技能，可以附著在衣服上或在黑暗中飛行，都給了我們豐富生活的提示。

纖維的模範

96頁

耐髒材質的模範

94頁

黏膠的模範

118頁

螢幕的模範

104頁

不會淋濕的雨傘
效法大賀蓮的葉子

分類　蓮科蓮屬
棲息環境　池塘和水田
葉子長度　350~450mm
其他物種　美洲黃蓮、蓮花

效法植物的表面，下雨時不會濕答答，還能製造出不殘留液體的容器喔！

蓮花（又叫荷花）生於污泥之中，葉子的表面卻不會沾到泥巴。這是因為蓮葉的表面有細微的凸起物（左圖），能把縫隙裡的空氣當作氣墊，防止水滴附著在上面。而且，當水滴滑落時，會把表面的泥巴和灰塵一起帶走，所以葉子能一直保持潔淨的狀態。這樣的原理稱為「蓮花效應」或「荷葉效應」，經常運用在我們身邊的物品上，像是可以撥水的雨傘、不易髒的牆壁和塗漆都是參考了荷葉的構造。

荷葉撥水的原理

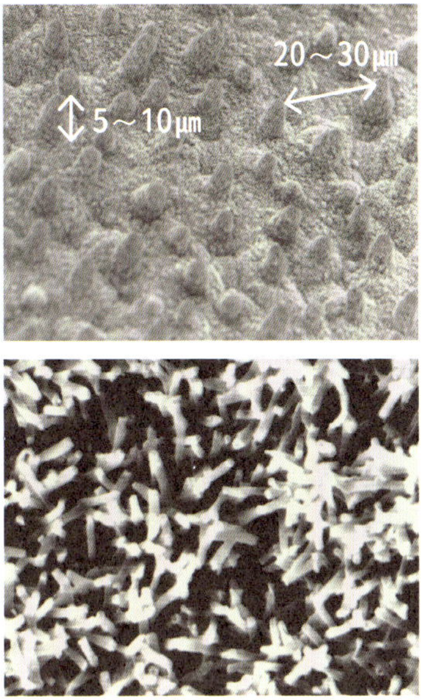

用電子顯微鏡觀察荷葉的表面。上圖是放大一千倍的影像，發現尺寸約5～10微米的凸起物以20～30微米的間距排列。放大三萬倍的下圖，可以看到撥水的物質，叫做「植物蠟」。

植物的智慧 讓美乃滋的瓶子使用上更便利

豬籠草是一種有捕蟲袋，能捕食昆蟲的植物。捕蟲袋內側的表面凹凸不平，覆蓋著水分，而昆蟲的腳會分泌油分，所以一旦滑落到捕蟲袋裡就爬不上來了。參考這個原理，有業者開發出液體和固體不易附著於表面的容器。用這種容器裝填的話，美乃滋就不會殘留在瓶子裡，用不完了。

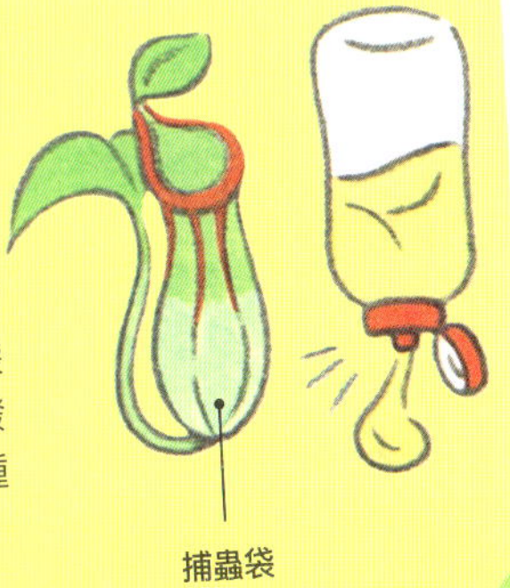

借鏡閃蝶的神祕翅膀，製造出虹彩繽紛的絲線

蝴蝶有漂亮繽紛的色彩，聽說人類效法亞馬遜的蝴蝶開發出新型的絲線，不用染料就能呈現美麗的顏色喔！

分類　蛺蝶科閃蝶族
棲息環境　中南美的亞馬遜河流域
長度　70～200mm
其他物種　尖翅藍閃蝶、大藍閃蝶

閃蝶因為色彩斑斕，又被稱為「森林的寶石」。翅膀的正面看起來呈現藍色，但為了偽裝以躲避鳥類等天敵，翅膀底部一面是棕色的。因此，當閃蝶飛舞時，亮眼的藍色和黯淡的棕色會交互閃爍，看起來好像一下子消失，一下子出現。

其實，閃蝶的翅膀並非染上了藍色，而是因為翅膀上的鱗粉有非常細微的構造，只會反射藍色的光，所以我們看起來是藍色的（下圖）。像這樣因構造的關係而反射出光，顯現出顏色的現象，叫做「構造顯色」。例如彩虹吉丁蟲、孔雀豔麗的羽毛都是構造顯色。

人類模仿閃蝶的翅膀，在絲線上加工出細緻的構造，製作出像閃蝶一樣色彩絢麗的禮服。這種技術不用化學染劑就能顯現出顏色，可說是相當環保，而且只要稍加調整構造，也能呈現出藍色以外的顏色。

為什麼看起來是藍色？

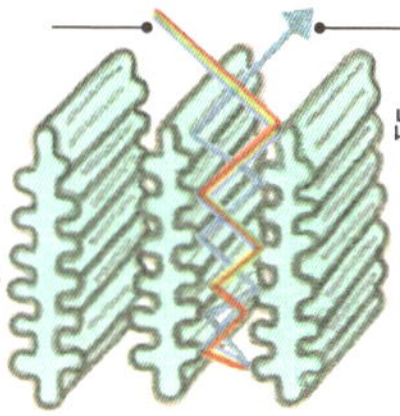

閃蝶的鱗粉剖面圖。構造像是規則性排列的層架，光線從架子的地方反射，這時只有藍色的光會從翅膀的表面反射出來。

礦物的蛋白石也以同樣的原理閃耀

有一種叫「蛋白石」的礦石，是很受歡迎的寶石。蛋白石閃耀著神祕的光澤，是內部數百奈米的粒子層疊所反射出來的顏色。而且，隨著粒子的大小變化，會反射出不同的光，所以蛋白石能呈現出五彩繽紛的顏色。目前，市面上已有油漆利用這個原理，開發出人工的蛋白石色彩。

黏人的牛蒡果實
啟發了魔鬼氈的發明！

你有沒有曾在草叢裡發現衣服上黏著植物的果實？這個果實讓人類發明出可以簡單穿脫的拉鍊呢！

分類　菊科牛蒡屬
主要物種　瀧野川牛蒡、大浦牛蒡、堀川牛蒡
生長環境　路邊、空地、樹林邊
長度　0.5～1.5m

牛蒡果實的表面有一根一根的鉤刺，會鉤住環狀的衣服纖維或動物的毛。牛蒡是一種植物，不過日本有些地區俗稱這種很會黏人的果實叫「跟屁蟲」。

雖然牛蒡的果實會黏在衣服上，但不需要用力就能輕易拿下來，而且還可以重複黏貼。科學家活用了這個原理，發明出只要重疊兩片布就能輕鬆穿脫的魔鬼氈。如今，魔鬼氈已廣泛運用於包包、鞋子和衣服上，為人類帶來便利的生活。

模仿松果的運動服，流汗也速乾

說到植物的果實，觀察松果會發現它會在雨天閉起來，晴天打開喔！為什麼會這樣呢？

分類	松科松屬
主要物種	黑松、赤松
生長環境	日本本州、四國、九州的海岸等
長度	5～60m

松果的鱗片當中有種子，當種子長大，松果的鱗片（果鱗）就會翻開，種子便從空隙往外散落。而且，松果還有一個特性是鱗片會在雨天閉起來，晴天才打開。目的是為了讓種子可以順利飛遠一點，所以選在晴天散播。此外，松樹的種子有羽毛狀的翅，可以乘著風飛到遠處。

有運動服業者模仿了松果的鱗片，開發出會開窗（孔洞）的機能性衣服。只要運動時一流汗，孔洞就會打開；不流汗了，孔洞就會關起來，以調節濕度。

萊氏擬烏賊
是未來材質的範本

海裡也有能變化身體顏色的生物喔。
想想看我們可以利用這個原理來做什麼？

分類	管魷目槍魷科
棲息環境	印度洋到太平洋的海域
體長	400～500mm
其他物種	長槍烏賊、劍尖槍魷

許多動物都擁有「色素細胞」。色素細胞中的色素粒子會移動，讓內部會反射光的小板子改變了間距，外表就能看到不同的色彩變化。舉例來說，青鱂魚在光亮的地方和昏暗的地方體表的顏色看起來不一樣，還有鰈魚會變色也是因為色素細胞能迅速變化的關係，甚至有動物的色素細胞會隨著精神的狀態大幅變化。

其中，最具代表性的就是烏賊的體表變色。仔細觀察萊氏擬烏賊和真烏賊在水中悠游的樣子，會發現牠們體表的色素細胞像在閃爍一樣，變化著色彩，但只要捕撈上岸，就會變成深沉的顏色。變化的時間甚至不到一秒鐘，對人類而言，只是發生在一瞬間的事，烏賊就在轉瞬之間表達了自己的情緒呢。日本的傳統戲劇歌舞伎有一種叫做「隈取」的臉譜化妝法，用來表達演員的情緒，如果將來歌舞伎也引進色素細胞變色的技術，也許會變得很有趣。

色素細胞的原理可以運用於電視等色彩鮮豔的螢幕上，只要能實現粒子的瞬間移動，甚至可望應用於醫療技術，例如只投藥給需要的細胞。

生物的身體奧祕

烏賊的色素變化可以和同伴溝通

動物之間的溝通在演化的過程中，也是重要的生存手段之一。烏賊利用色素細胞來變化身體的顏色，不僅能通知同伴有敵人侵襲，還能傳達出自己的心情如何，具有表達情緒的功用。烏賊那雙大眼睛也許也會不時緊盯著同伴的體色變化呢！希望未來有進一步的研究，讓我們更了解其他動物的心情變化。

黃條紋擬鰈的偽裝術可以守護交通安全？

分類	鰈形目鰈科
棲息環境	海邊沿岸的泥沙地
體長	400～500mm
其他物種	橫濱擬鰈、黑光鰈、長鰈

鰈魚會把身體的顏色變成和周遭環境一樣來保護自己。這個能力也許能保護人類避免車禍喔！

動物的偽裝術就是改變自己的姿態，不讓敵人發現自己。許多動物都像忍者一樣，會變裝成類似周遭環境的樣子。其中，鰈魚就是箇中好手。牠們能配合周圍環境的色彩和模樣來改變身體的顏色，若是在沙地上就潛入沙子裡躲起來。

人類也在開發偽裝的技術※。利用讓物體看起來變透明的光學迷彩技術，不僅可用於車子的外觀，車子裡面也能派上用場。比方說開車時，窗框可能會擋住駕駛的視線，提高意外發生的機率。如果能把窗框變透明，就能消除視線死角，讓行車更安全。

爬蟲類和昆蟲特別擅長偽裝術

筆者在肯亞做研究時，曾經飼養過變色龍。變色龍會隨著房間所在的位置，變換身體的顏色，並靈活運用長長的舌頭捕捉走動的昆蟲。變色的目的是為了不讓獵物發現自己的存在。昆蟲也有同樣的覓食策略，最佳的例子就屬蘭花螳螂了。蘭花螳螂為捕食受蘭花吸引而來的昆蟲，讓自己的身體也變成像是蘭花的樣子。

變色龍

蘭花螳螂

※ 稱為「光學迷彩技術」（optical camouflage）。

我們在白天活動，蛾類卻是晚上活動，不只能躲避天敵，還能飛來飛去。牠們的眼睛在黑夜裡也看得見嗎？

清晰不反光的螢幕是模仿蛾的眼睛

- 分類　昆蟲綱鱗翅目
- 主要物種　舞毒蛾、天蛾、黃地老虎
- 棲息環境　農場、園藝設施、樹林、草叢
- 體長　4～30mm

夜行性的蛾為了保護自己不受天敵威脅，會在晚上覓食，並擁有叫做「蛾眼構造」的特殊眼睛。蛾的眼睛表面有小到200奈米的六角形突起物，以300奈米的間距整齊排列。這麼細微的突起物幾乎不會反射光，所以在黑夜也能有效擷取進入眼睛裡的一點光※1。

科學家以蛾眼的構造為範本，製造出「抗反射膜」（不反光的薄膜），可以讓螢幕和鏡頭看起來更清晰，也能增進太陽能光電板集光的效率，用途十分廣泛。

※1 細微的突起物比光的波長還小，所以光無法像照到固體一樣反射，而是穿透它。

花朵的周圍總是聚集了許多昆蟲，
一定是有什麼玄機！

模仿毛莨花瓣的燈具能輕易捕捉到蟲

分類	毛莨目毛莨科
生長環境	琉球群島到北海道的原野和牧草地
花朵尺寸	15～20mm
其他物種	白根葵、銀蓮花、鵝掌草

植物花瓣演化出能吸引昆蟲和鳥類目光的色彩，吸引牠們前來傳播花粉。許多昆蟲都能看到紫外線，所以紫外線和其他顏色組成的模樣或交界處，就成了重要的路標。毛莨花瓣中央的雌蕊和雄蕊並不會反射紫外線，而是外側的花瓣會強烈的反射紫外線，吸引昆蟲前來※2。科學家利用這個原理，發明出一種燈具能映照出紫外線與其他光線的交界。只要在這種燈具貼上透明的膠膜，害蟲就會自己飛過來而被黏住，這對食品工廠或塗漆工廠很有幫助。

※2 昆蟲容易識別出花朵的部分，稱為「蜜源標記」。

虎頭蜂的配色有絕佳的警告效果！

當你看到有毒針的虎頭蜂會嚇一跳吧？
想要提醒別人有危險時，虎頭蜂的配色就能發揮作用喔！

分類	膜翅目胡蜂科
棲息環境	全國各地、村落、森林
體長	10～40mm
其他物種	大虎頭蜂、黃胡蜂、細黃胡蜂

動物們相較於自己的天敵，似乎不要太過醒目，比較安全。不過，也有動物擁有非常顯眼的體色。虎頭蜂的身上有黃色、黑色交錯的條紋，就是最佳的例子。身上有毒的動物通常都有鮮豔的配色做為標誌※1，來警告別人「自己很危險」。就算是人類看到虎頭蜂，也會覺得危險吧？因此虎頭蜂的花紋也可視為警告的意思，用於平交道或交通號誌上，提醒用路人注意安全。就國際標準※2而言，黃色代表注意和警告、紅色代表禁止和消防、綠色代表安全，藍色帶有指示的意味。不同的顏色具有的特殊意義可說是世界通用的。

※1 有些沒有毒的生物為了自保，也會擬態有毒的物種，例如食蚜蠅看起來像虎頭蜂的樣子，稱為「貝氏擬態」（Batesian mimicry） ※2 ISO 3864。

夜間的安全就交給貓咪的眼睛！

分類	貓科貓屬
棲息環境	除了南極以外，全世界的民房和住宅區
體長	200mm左右
其他物種	人工培育出許多品種

貓的眼睛能收集比人眼多好幾倍的光，所以不要用閃光燈等強光照牠們喔！

貓 原本是夜行性動物，所以貓的眼睛比人類更能適應黑暗。人類眼睛裡的視網膜只能吸收一次由外而入的光，但貓的眼睛在視網膜後面還有個像鏡子一樣的構造，叫做「脈絡膜層」（又叫明毯），能再一次吸收反射回來的光，提升了視網膜在夜裡的感光度，在暗處也能看得見。

借鏡這個原理，人類在汽車、腳踏車、路肩等地方都設置了反光片。參考圓圓的貓眼能反射來自四面八方的光，利用三片平面鏡組合做成反光片，就可以反射數個方向的光，讓視野更清晰，守護行車安全。

彩虹吉丁蟲的翅膀能示警鋼筋水泥有異狀！

吉丁蟲的翅膀好漂亮，讓人看得出神。這漂亮的外觀，還能對橋樑和隧道的安全，有所幫助喔！

分類	鞘翅目吉丁蟲科
棲息環境	有朴樹等宿主樹的樹林
體長	45mm
其他物種	黑長吉丁蟲、松吉丁蟲

吉丁蟲有「森林寶石」的美稱，是一種有著美麗色彩的昆蟲。吉丁蟲通常棲息在朴樹和櫸樹上，日本多分布於西南地方，較東京地區常見，不過因為地球暖化的關係，牠們出沒的範圍可能逐漸往北擴大。如果你的生活周遭也有這些樹，可以在7～8月的時候找找看吉丁蟲的蹤影。

古時候的人非常珍視美麗的吉丁蟲，常用牠們的翅膀來裝飾工藝品。其中一個原因是因為吉丁蟲的翅膀即使經過了漫長的歲月，也不會褪色。不妨想像一下吹泡泡的時候，如果用肥皂水成功吹出了完整的泡泡，泡泡會帶著藍色、紅色等美麗色彩。過了一會兒，泡泡破掉時，大多就變成透明的了。肥皂水本身並沒有顏色，但是會形成一層薄薄的膜，當陽光照到這層膜，就會隨著膜的厚度，呈現出不同的顏色，這個現象稱為「構造顯色」。吉丁蟲翅膀的構造就像有好幾層泡泡的薄膜，所以不會因時間的流逝而褪色。

近年來，科學家研究吉丁蟲的翅膀，也已經能以人工製造出構造色了。首先是直接利用美麗的色彩，作為汽車或機車的烤漆。接著，科學家在橡膠等伸縮材質上做出吉丁蟲翅膀的構造，只要拉扯橡膠，重疊好幾層的薄膜就會因為厚度改變而變色。如果把這種伸縮材質黏貼在橋墩或隧道上，萬一發生水泥破損、變形的情況，此材質就會因為異常的受力而變色，提早向人們示警有危險，可說是非常優異的發明。

日本國寶也有用到吉丁蟲

位於奈良縣的法隆寺有一座佛龕「玉蟲櫥子」，被認定為日本國寶，是飛鳥時代（西元592～710年）的古董。以前，日本和韓國之間也有交易吉丁蟲翅膀的記錄。

吉丁蟲能示警水泥有裂縫，而且居然在大自然裡還有能修復這些裂縫的生物喔！

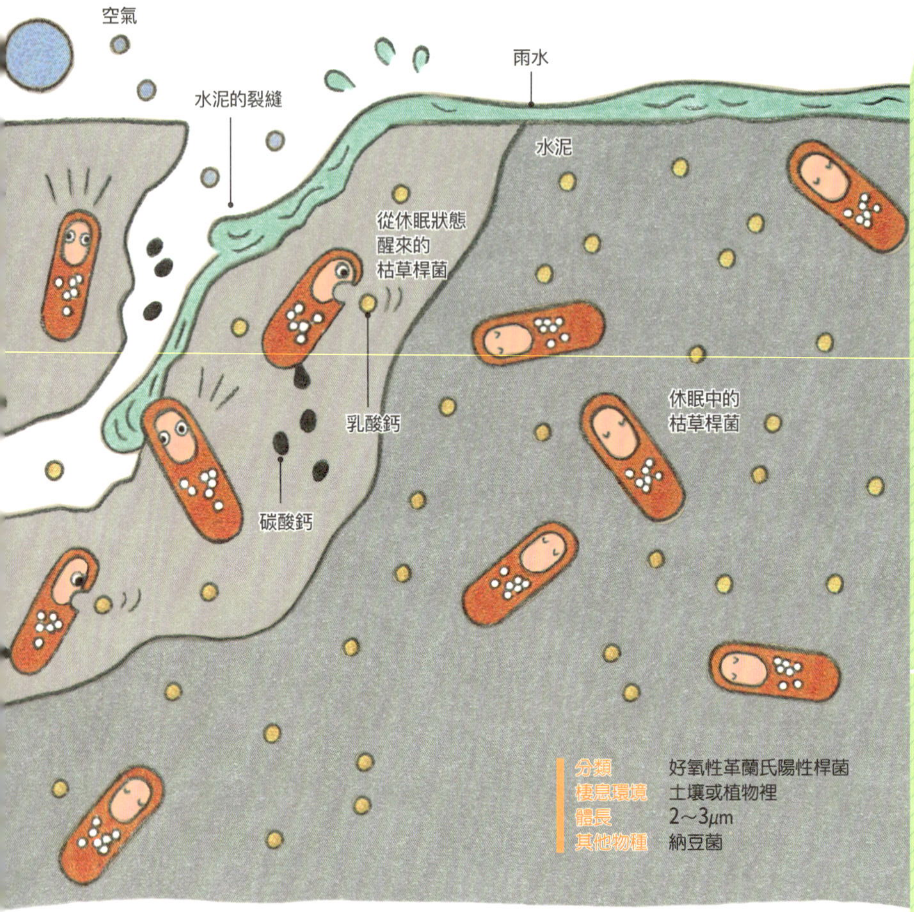

土壤裡的細菌有納豆菌、放線菌、乳酸菌等，能夠分解堆肥和食物，培養出沃土來。有一種細菌因為是在稻草的枯草上發現的，因而命名為「枯草桿菌」。目前，科學家已研發出把枯草桿菌混入水泥裡的技術，請牠們幫忙修補水泥的裂縫。枯草桿菌在沒有養分的水泥之中，會自己製造一層殼，進入休眠的狀態。當水泥因年久失修或地震造成水泥龜裂，雨水和空氣從裂縫滲進裡面時，枯草桿菌就會從休眠狀態中醒來，然後開始分解當初一起混入水泥的乳酸鈣，產生類似水泥的物質「碳酸鈣」。這麼一來，不需要人工修

枯草桿菌的習性

能自然修復水泥的裂縫

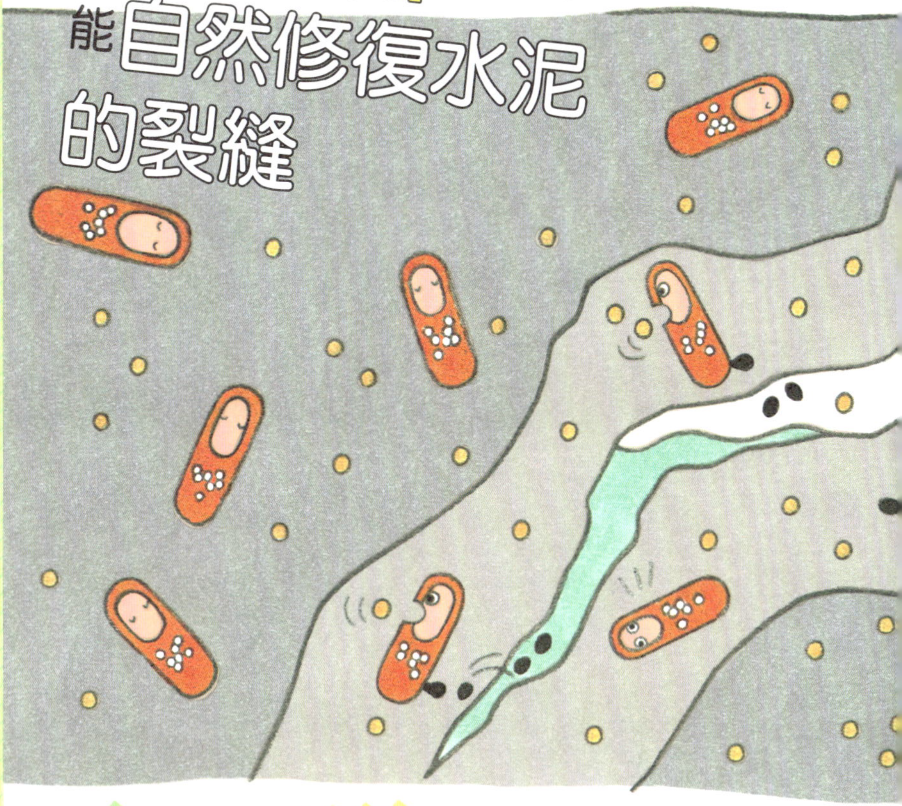

復，這些細菌就能把裂縫填補起來了。據說枯草桿菌可以休眠長達兩百年之久。

對人類健康有益的納豆菌

納豆菌也是枯草桿菌的同類。日本的傳統食物「納豆」就是用納豆菌發酵黃豆所製成的食品。納豆菌耐得住胃酸，能抵達腸道，幫助我們調整腸道環境※。而且，納豆菌還會製造一種酵素（納豆激酶），對人體具有清血的功用。

※ 人類的腸道住著許多細菌，有對身體好的益菌和不好的壞菌，納豆菌有助於增加益菌。

鱗足螺打造海裡最強的鱗片

接下來介紹的生物會製造比水泥還硬的鐵喔！
牠們居然在海裡造鐵呢！

分類	腹足鋼目鱗足螺屬
棲息環境	印度洋海域的熱泉區
體長	30～50mm

鱗足螺是一種擁有堅硬鐵質鱗甲的奇特海螺而備受矚目。牠們棲息在印度洋的深海裡，而且是受到地底的熔岩加熱、溫度高達300℃的熱泉噴口區。

鱗足螺為了在這麼嚴苛的環境中生存，全身覆蓋著硫化鐵的鱗片，不僅質地堅硬，還黑得發亮。牠們的鱗片之所以含有硫化鐵，是因為鱗足螺把體內產生的硫磺排放到鱗片，硫磺再和外面滲透進鱗片的鐵離子，在海水溫度10～20℃下發生化學反應。

如果以人工來製造硫化鐵這麼堅硬的材料，必須耗費許多能源來達到高溫。若能仿效鱗足螺的鱗片產生的化學變化，不僅能產出硫化鐵，還能以低溫打造各種材質，進而達到節能的效果。

另外，近年有人發現了白色的鱗足螺，不知為何，牠們的鱗片並不含堅硬的硫化鐵，但白色鱗足螺的鱗片既柔軟又強韌，可望應用於製造人工關節、人工骨或植牙的材質上。

變成圓形提高防禦力的生物

鼠婦不是昆蟲，而是和蝦子、螃蟹一樣，同屬於甲殼類。只要受到刺激，鼠婦為了躲避敵人的侵擾，把背上堅硬的殼當成盔甲，像一顆丸子捲成圓形，來保護柔軟的腹部。

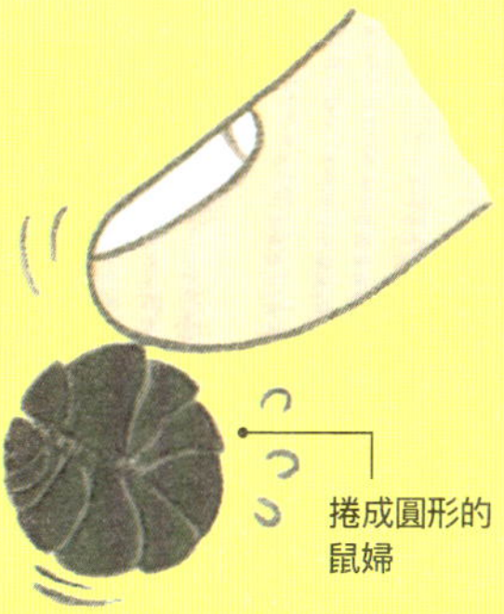

東方小藤壺製造出強力的水中膠水

在海水裡應該很難把東西黏牢，竟然還有生物能製造強力膠喔！生物的智慧真是我們學習的榜樣。

分類	藤壺目小藤壺科
棲息環境	潮間帶※的石頭
體長	10mm左右
其他物種	紅藤壺、峰藤壺

※ 隨著潮汐的漲潮和退潮，海水所淹沒或露出的區域

藤壺是雌雄同體的動物，同時擁有雄性和雌性的生殖器官，能和旁邊的個體交配。藤壺的卵會在孵化之前，保護於殼中，孵化後，成為無節幼體，再經過多次的脫皮，變成腺介幼體（下圖）。接著，牠們會分泌一種稱為「膠黏蛋白」的蛋白質，讓自己牢牢附著在岩石等堅硬的物體上。

目前，科學家正在研究這種蛋白質的構造，設法開發出可在海水中迅速、強力黏合各種固體（金屬、石頭、玻璃、塑膠等）且能重複黏貼的膠水。

藤壺的一生

附著在岩石上，在此之前牠們會在海水中游泳。

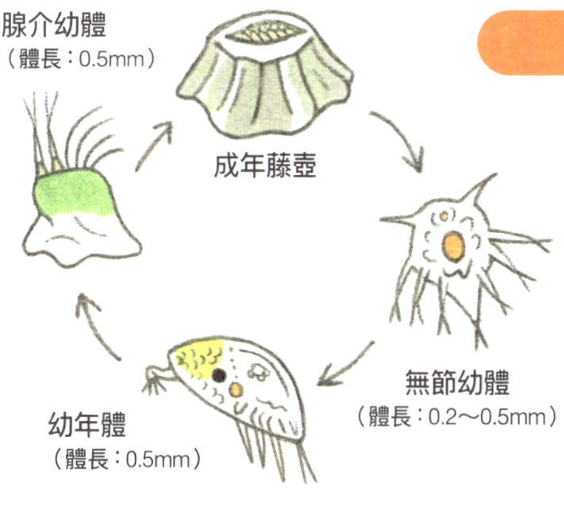

如果有章魚的吸盤，就能代勞細膩的工作

章魚能在水中牢牢吸住石頭或獵物，如果機器人也有這樣的吸盤，一定很方便！

分類	八腕目章魚科
棲息環境	淺海的岩礁和珊瑚礁
體長	約600mm
其他物種	北太平洋巨型章魚、短爪章魚

章魚以漏斗狀的肌肉操縱圓圓的吸盤，可以吸住任何東西。章魚的吸盤和被吸住的物體之間會形成一個密閉的空間。章魚能移動吸盤裡的水，把空間裡的空氣排到外面。這時，就會產生一股往吸盤方向的拉力，也就是章魚強勁的吸力。據說章魚能吸起10公斤以上的東西。

在科學家積極研究章魚靈活的吸盤後，今日已採用類似的原理開發出機器人用的吸盤。也許不久的將來，就能製造出以柔軟的手臂從事細膩作業的機器人了。

分類　水蛛科水蛛屬
棲息環境　水草多的溼地和池塘
體長　約10mm

水蛛肚子上的毛是優異的水中氧氣桶

和我一樣的昆蟲多半生活在陸地，身體沒辦法碰到水，更別說潛水。為什麼水蛛能在水中存活呢？

水蛛是蜘蛛當中，唯一在水中生活的物種。水蛛的肚子長著許多細毛，毛和毛之間能儲存空氣，所以整個肚子呈現出被空氣包覆的狀態。而且，水蛛是用肚子呼吸，而不是嘴巴。水蛛和人類一樣需要呼吸空氣中的氧氣，所以儲存於肚子裡的空氣就如同氧氣桶的作用，讓牠們可以長時間在水裡活動。如果仿效水蛛的本領，也許將來人類不用背著沈重的氧氣桶也能在海裡自由自在的潛水，甚至可能在海底下的空氣巨蛋※裡生活。

※ 像氣球一樣灌滿了空氣，外觀如巨蛋般的建築物。

分類	屬於半翅目蚜種科的昆蟲總稱
主要物種	桃蚜、蘿蔔蚜、棉蚜
棲息環境	寄生在果樹、蔬菜、花草、樹木等植物
體長	1～3mm

蚜蟲的身體覆蓋著最先進的黏膠

體型比我們還小的蚜蟲對農夫而言是害蟲，不過聽說牠們能為製造新型的黏膠提供好點子。

蚜蟲對於種植作物的農人來說，是惡名昭彰的害蟲。

蚜蟲會用針刺狀口器刺穿植物的維管束（輸送水和養分的管道），吸取植物的養分過活。這時，如果植物還感染了各種病菌，就可能會枯死。

蚜蟲在植物上幾乎不會動，防禦力很低，所以會分泌甜甜的蜜露，讓螞蟻成為自己的護衛隊，免於天敵的威脅（下方專欄）。蚜蟲為了避免在巢裡被自己分泌的蜜露淹死，會在蜜露的表面包裹一層蠟質的粒子，做成圓球的形狀。圓球的表面乾爽，但用手摸的話，就會流出黏黏的液體。參考這個原理，有業者開發出不黏手、施力才會出現黏性的粉末狀黏膠，比液態的黏膠更容易保存。

輕捏才會出現黏性

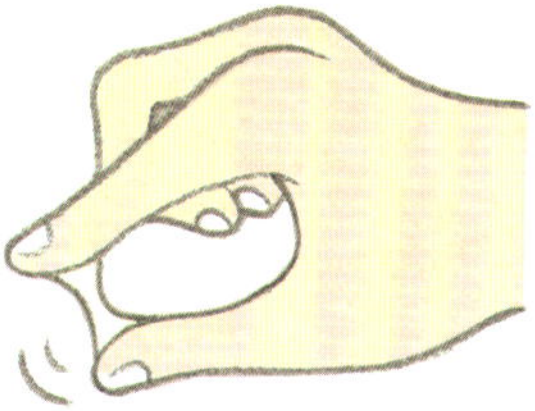

用粉末粒子包覆液體的技術有個美麗的名字，叫做「液體大理石」（ liquid marble）。使用時，只要用一點力氣捏它，黏膠就會從粒子當中流出來。

螞蟻和蚜蟲的互助合作

螞蟻很喜歡吃蚜蟲分泌的蜜露，所以當蚜蟲的天敵瓢蟲出現時，螞蟻就會來幫忙驅趕瓢蟲，以免自己愛吃的食物被搶走。不同物種之間，像這樣有互惠的關係，就稱為「互利共生」。

分類	鞘翅目天牛科
棲息環境	日本青森縣以南的松樹林
體長	8~18mm
其他物種	墨天牛、桑天牛、琉璃星天牛

了解動物的習性，也能用來防範害蟲。
聽說松樹的害蟲松墨天牛就很怕震動。

利用天牛的逃離行為，不灑農藥也能守護松樹

松墨天牛會吃松樹新枝的樹皮，而另一種與松墨天牛共生的線蟲（松材線蟲）會藉此入侵松樹，導致松樹枯死※1。如果對這種害蟲置之不理的話，可能使生態系遭到嚴重的破壞※2。

科學家經過深入的觀察，目前已知松墨天牛對震動很敏感，會出現逃離的行為。於是，對松樹施加微弱的震動後，發現因此少了四成左右的害蟲。總算找到不灑農藥也能驅除害蟲的可行辦法了。只要了解昆蟲的逃離行為，將來或許還能用來對付其他的害蟲。

※1 線蟲從樹皮的傷口進入松樹的管胞（輸送水分的管道）並在裡面繁殖，松樹就會因為吸不到水分而枯死 ※2 防風林等景觀也可能遭受損害。

大斑啄木鳥
的長舌頭
保護頭部
免於強力的衝擊

分類	啄木鳥科啄木鳥屬
棲息環境	森林
體長	240mm
其他物種	綠啄木鳥、黑啄木鳥、小星頭啄木鳥

大斑啄木鳥與其他的同類一般統稱為啄木鳥。啄木鳥會用長長尖尖的鳥喙在樹幹上鑽洞築巢或叼出蟲子來吃，在這當中敲擊樹幹的聲音也能當作和同伴溝通的信號。

啄木鳥能以一秒鐘敲擊20次以上的速度啄樹木，之所以不會頭痛，是多虧了長長的舌頭。啄木鳥的長舌從鳥喙往頭上繞一圈，所以能保護頭部不受強烈的衝擊。而且，牠們的身形也能承受住這樣的力道。目前有業者效法啄木鳥這獨特的本領，開發出登山錘，在使用時能讓震動不容易傳到手部。

Chapter 5

促進未來醫學進步的生物

當今的醫學認為生病就要治療，即使治療的過程辛苦，必須長期住院，病人也應該忍耐配合，才能恢復健康。不過，我們期待未來有不一樣的醫療觀念，目標希望讓病人保持正向開朗的心情過平常的日子，追求更健全自由的生活。因此，我們嘗試向生物學習健康管理和了解牠們的身體構造，進而使人類的醫療照護更進步！

我們昆蟲和其他動物都很重視自己所吃的食物，並實踐著「醫食同源」的原則來維持健康。植物也會為了避免被吃掉，而釋放出我們不喜歡的化學物質來自保，具備有了不起的健康管理呢！即使是引發疾病的病毒、細菌、黴菌，為了活下去，也會發展出自己的生存之道。這些生物與人類的健康息息相關，應該多認識牠們的健康狀態和活動情況。

傳染病傳播的示意圖

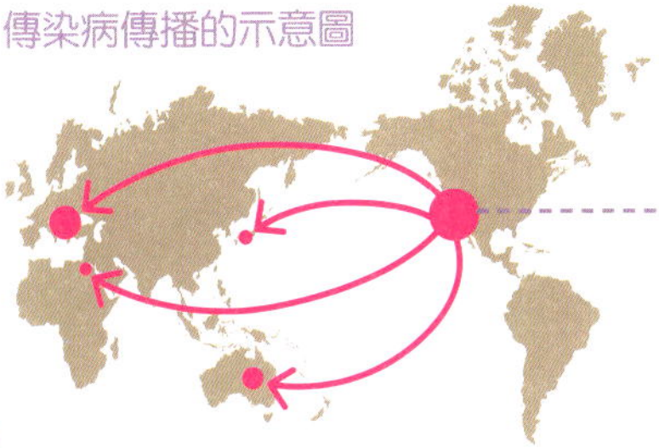

舉例來說當病毒引起傳染病大流行時，了解病毒如何移動擴散，就是保衛全世界的健康。

未來，我們需要打造出一套系統來自動偵測自己的健康狀態和病原體的擴散狀況，讓傳播的程度降到最小，維護全世界的醫療衛生。在沒有醫院的大自然裡，生物管理健康的智慧一定能提供人類許多有用的線索。雖然我們無法完全消除疾病，但在生病的時候，有一個讓我們活得像自己、快樂過生活的環境是很重要的事。

癌症患者專用手套的模範

128頁

石膏的模範

126頁

保存血液和細胞的模範

144頁

143頁

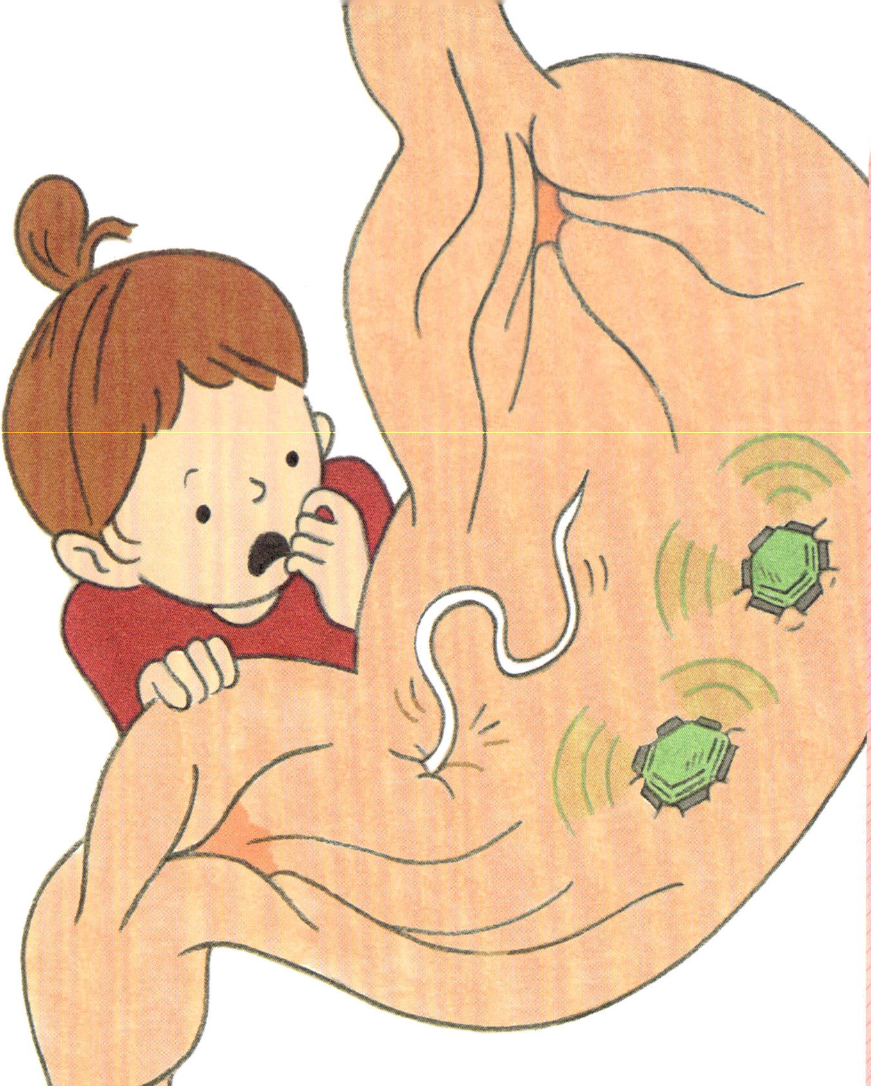

寄生蟲海獸胃線蟲

讓藥可以順利到達胃

分類	海獸胃線蟲目海獸胃線蟲科
棲息環境	海豚、鯨魚、魚類等的內臟
體長	20～35mm

依附在動物的體表或體內獲取養分的生物，叫做「寄生蟲」。海獸胃線蟲是一種半透明、白色、細長條狀的寄生蟲，通常寄生在鯨魚的肚子裡。不過海獸胃線蟲的卵會隨著鯨魚的糞便排到大海，然後，海中的小型甲殼類生物像是磷蝦，就會吃掉這些卵，磷蝦再被鯖魚或烏賊吃下肚，海獸胃線蟲就繼續寄生在魚類的內臟裡。

如果人類吃下被寄生的魚做成的生魚片或生吃壽司，海獸胃線蟲就會進入人體，啃咬胃壁，而出現強烈的疼痛。造成這劇痛的原因也可能是患者對海獸胃線蟲分泌的物質發生過敏反應※。

現在，醫藥界研發出一種有效的體內投藥系統，模仿海獸胃線蟲刺在胃壁上，再慢慢溶出藥品的成分。這種投藥的裝置外形像海星，會因為體溫而變形，突出的爪子如寄生蟲般附著在腸胃上。然後，藥開始在體內慢慢釋出，等治療結束後，爪子的力道就會自然減弱，最後排出體外。

另外，雖然不是模仿寄生蟲，科學家目前也正在積極研究以打針的方式將治療用的微型機器送進血液或患部的醫療技術。

體內的寄生蟲或細菌會適應人類的細胞和組織，達到協調的狀態，這也可以說是人體內的生態系。

海獸胃線蟲的寄生循環

鯨魚吃下有海獸胃線蟲的幼蟲寄生的鯖魚或烏賊，鯨魚就會再度遭到寄生。

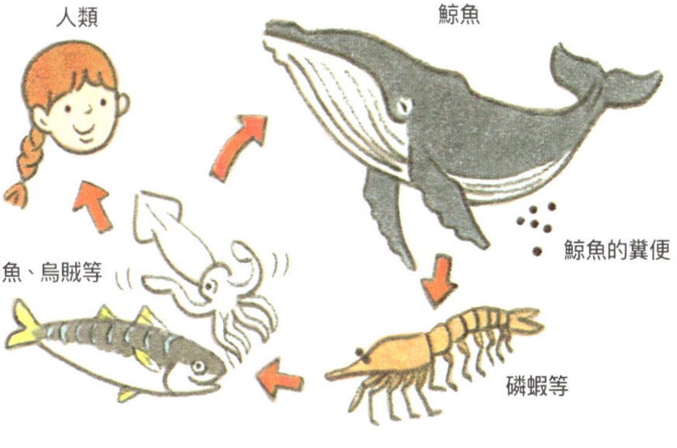

※ 切勿生吃不新鮮的鯖魚、秋刀魚、鰹魚、沙丁魚、鮭魚、烏賊等海產。只要以-20℃冷凍24小時以上，或是以60℃加熱調理1分鐘以上，就能消滅海獸胃線蟲的幼蟲。

矽藻的結構適合做成輕便又堅固的石膏！

分類　屬於不等鞭毛植物的單細胞性藻類

主要物種　冠盤藻、小環藻、菱形藻

生長環境　大海、河川、湖泊

體長　0.01～1mm

矽藻的結構輕巧又強韌，規則性的孔洞讓空氣流通，能做出透氣舒適的石膏。

矽藻是在水中進行光合作用的單細胞藻類，表面覆蓋著「矽酸質」形成的硬殼。這層殼的結構很美，有些是細小的孔洞由中心往外擴散，也有呈現左右對稱的羽毛狀。此外，像這樣有許多小孔相連的多孔質構造，雖然重量輕，卻是相當堅固。

矽藻的結構常應用於必須兼顧輕量化與堅固度的機械或汽車零件的設計上。

除此之外，矽藻的結構還可望用來做成骨折時固定患部的醫療用石膏。如果能實現，未來的石膏會比現在的更加輕便舒適。

細微的孔洞整齊排列

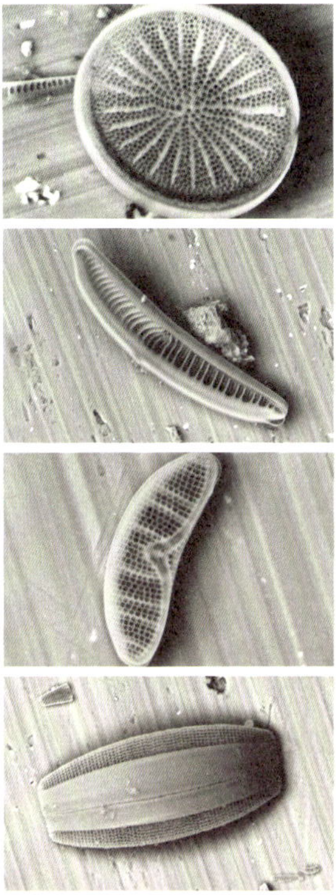

以電子顯微鏡觀察自日本琵琶湖採集到的矽藻影像。矽藻不僅存在於大海，還能在池塘、湖泊等淡水環境裡生長。

大自然創造出美麗的規則性結構

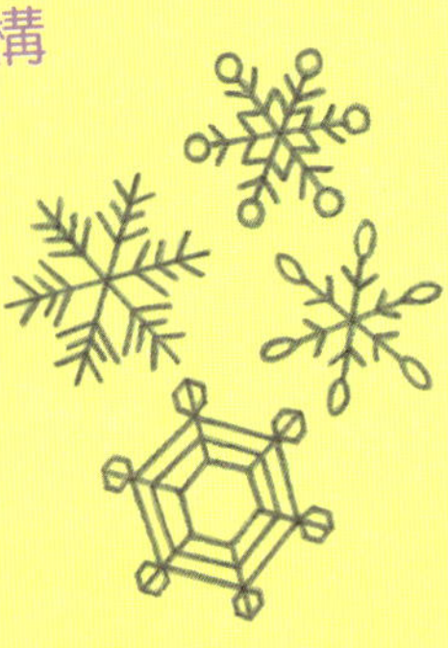

矽藻美麗的規則性結構，其實是自然形成的秩序，這種現象稱為「自我組織化」（➡頁135專欄），如雪花的結晶呈現六角形，也是其中一例。下雪時用手套或上衣接住雪花，再拿放大鏡來觀察，就能看到它的形狀。建議用黑色的物品來接雪花，能看得更清楚。今年冬天就來試試看吧！

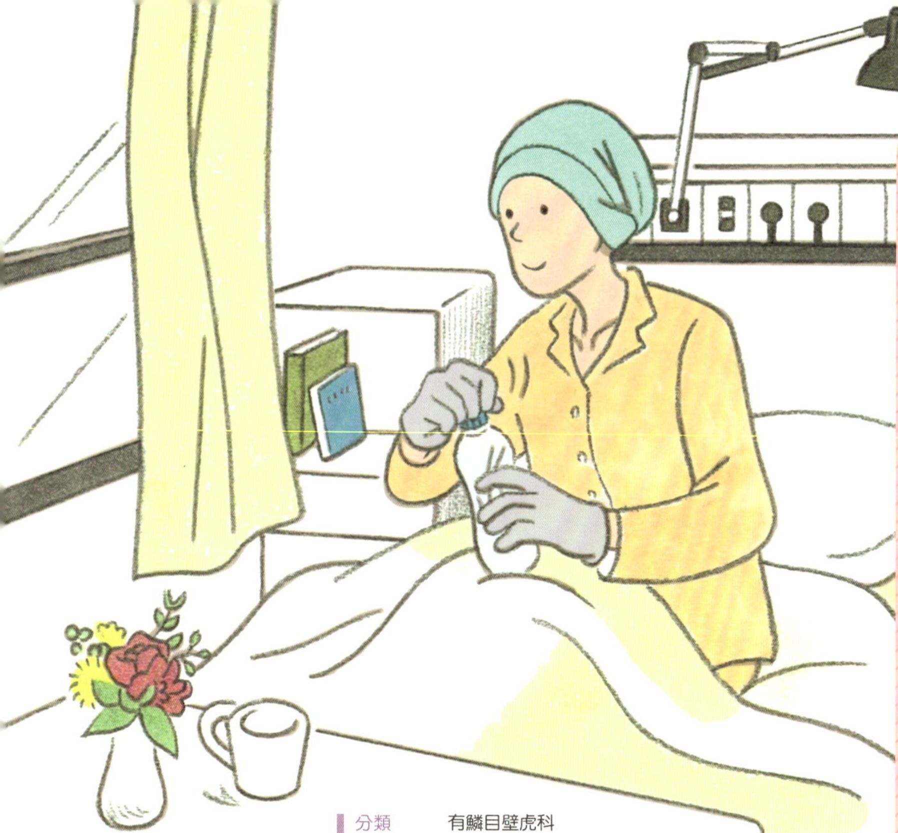

不管是樹葉還是天花板，我都能爬上去。
但壁虎更厲害，攀簷走壁的功夫還能解決病患的困擾。

分類	有鱗目壁虎科
棲息環境	日本東北以南的住家和周邊
體長	100～140mm
其他物種	鱗趾虎、弓趾虎、無疣蝎虎

昆蟲和壁虎都能爬上垂直的牆壁或在天花板上倒著行走，這是因為壁虎的腳上有叫做「纖毛」（細毛）的軟毛，產生了「凡得瓦力」（van der Waals force）※1。纖毛的前端僅僅只有數百奈米到數微米的大小。然而，這些不計其數的纖毛，能密實的攀附在天花板的表面上，產生附著力。而且，細毛必須承受得了體重，所以毛的密度越高，附著力也就越強。實際上，壁虎的體重比昆蟲還重，腳上的纖毛也的確是又細又密（➡頁129的影像）。

有科學家研發出類似這種特殊表面的布料，正思考著要如何運

※1 荷蘭的學者凡得瓦提出物質與物質接近會產生引力的理論，因此以他的名字命名。

走到哪黏到哪的腳

壁虎腳掌上的細毛。細毛的前端呈杓匙狀，以便附著在凹凸不平的表面上。

多疣壁虎的腳解決了癌症病人的困擾

用時，遇到了一位治療癌症的醫師。醫生表示「正在進行化療[※2]的癌症患者指紋會消失，手指頭變得太光滑，有些人因此打不開保特瓶的瓶蓋，或是沒辦法翻閱報紙，有沒有什麼辦法？」科學家想到可以仿效壁虎的腳，戴上容易附著物體的手套，就能為病人解決困擾了吧！於是，市面上就誕生了一款名叫「奈米黏黏」（NANOPITA）的癌症患者專用手套。只要戴上這種手套，就能輕鬆打開保特瓶的瓶蓋。

※2 為了抑制癌細胞增生、減緩生長的速度，以藥品進行的化學治療。

住在山上的羊不容易滑倒，行動好敏捷啊。模仿山羊的蹄，也許能做出可爬樓梯的輪椅喔！

分類	牛科山羊屬
棲息環境	歐洲的山區
體長	0.7~1.5m
其他物種	捻角山羊、野山羊

羱羊的蹄催生出登山用的義肢

住在山上的羱羊是山羊的同類，儘管生活在斷崖絕壁的環境裡，也能毫無困難的爬上爬下。祕密就在於牠們的腳和蹄，蹄的外側堅硬，內側柔軟。羱羊在狹窄的地方只用腳尖站立；寬敞的地方則展開腳尖，順應腳邊的地形靈活運用蹄，所以就算地勢險峻，也能穿梭自如。

登山愛好者在攀岩的時候，必須懂得立足的訣竅，要先找到能勾住腳尖內側或腳踝外側的地方。於是，有業者為了造福身障的攀岩者，模仿羱羊的腳，開發出登山用的義肢。

多虧了含羞草，才發明出內視鏡

分類　豆科含羞草屬
棲息環境　日照充足的溫暖地區
體長　200～300mm

我一摸含羞草，它的葉子就會閉起來。其他的花草都不會這樣，好奇妙吧！

只要輕摸含羞草，含羞草的葉子就會閉起來，垂下葉柄。其實，含羞草是藉由這樣的動作，保護自己免於鳥類等天敵或強風、豔陽的威脅。因為外力的刺激會變成電子訊號傳導，讓細胞內的水分移動，所以含羞草才會出現「害羞」一般的動作※1。醫院裡，用來檢查治療胃部的內視鏡※2，就是運用這個原理發明出來的（左圖）。

什麼是內視鏡？

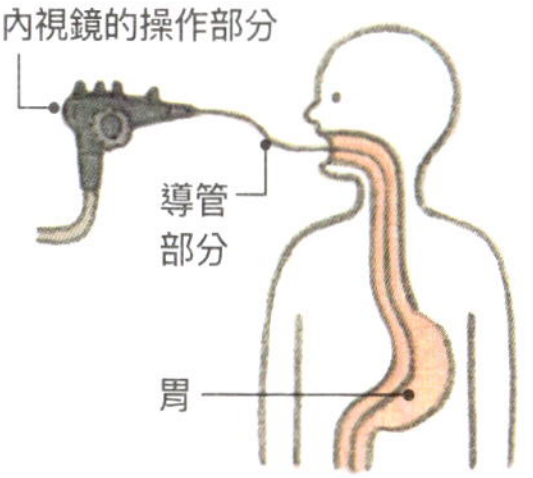

內視鏡可隨著空氣壓力的變化任意彎曲，醫生藉由手邊的設備來操控氣壓。

※1 接收到電子訊號，細胞內蛋白質的構造出現變化，細胞內的水分就會移動。※2 從嘴巴伸入體內的管狀醫療器材，以攝影的方式檢查腸胃或進行治療，有助於早期發現胃癌。

鉛點東方魨的防身術能幫助人類守護健康？

分類	魨形目四齒魨科
棲息環境	全世界溫帶到熱帶的海域
體長	100~125mm
其他物種	紅鰭東方魨、箱魨、黃鰭東方魨

河魨只要感覺有危險，就會吸入大量的海水，把身體膨脹得又圓又大。這樣能讓自己看起來更大，藉此嚇走鯊魚或其他大型魚等天敵。另一個原因則是，體長變大的話，對方就不容易吞下自己了。

有科學家從鉛點東方魨的防身術獲得靈感，開發出一種名叫「水凝膠」（hydrogel）的材質，吸水後就會膨脹變大。這種材質的原料之一是聚丙烯酸納，能迅速吸收水分，所以廣泛運用於尿布、女性生理用品等商品。水凝膠雖然像豆腐或果凍般軟嫩，卻也很強韌，而且耐酸。試想如果把這種材質做成錠劑，裡面放入感測器，再吞下肚會怎麼樣呢？它會在胃裡膨脹到彈珠的大小，其中的感測器可以長期監測患者的健康狀態。除此之外，水凝膠還可望用來做為新形態的減重療法，患者就不用開刀切除部分的胃了。因為這種材質的錠劑會帶來飽足感，減少患者因限制飲食而感受到空腹感和壓力。因此如果能夠實現，河魨的防身術可說也能為人類在維護健康上帶來助益。

鉛點東方魨懂得分辨季節，會在初夏漲潮的時候集體產卵。這也是為了留下更多後代的「防身術」呢！

以蛞蝓的黏液防護手術後的傷口

蛞蝓會分泌很黏的液體，讓牠們能攀附在潮濕的岩石上走動。參考這種黏液的特性，已開發出新型的外科手術用黏著劑。這種黏著劑不僅黏度高，可耐水分和血液，而且只要照射紫外線就會凝固。因此，它能協助讓手術過程中的出血量降到最少，患者的傷口就能更快癒合。

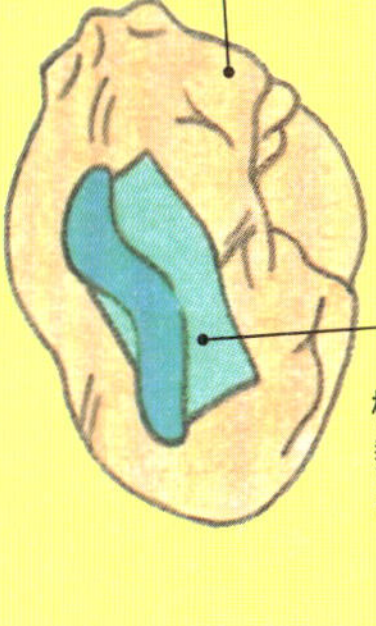

擴張膽管的支架
以蜂窩為模範

用於人體內的醫療器材不僅要好操作，還得要堅固。
已經有醫材是參考蜂巢堅固的結構製作而成了！

以多個六角形組成像蜂巢一樣緊密排列的構造，叫做「蜂巢結構」（➡頁77）。蜂巢結構的構成單位是六角形，能以少量的材料製造出寬廣的面，不僅重量輕，還能分散施加的力道，所以也很堅固。這個結構常運用來做為機翼的材料、緩衝材，或是利用鏤空的空氣層做成隔熱、隔音的建材等。利用自我組織化現象製造的微型蜂巢結構膜還可當成醫材，用來包覆因癌症阻塞的膽管※1用的擴張支架。

蜂巢結構的支架

裝了支架的膽管

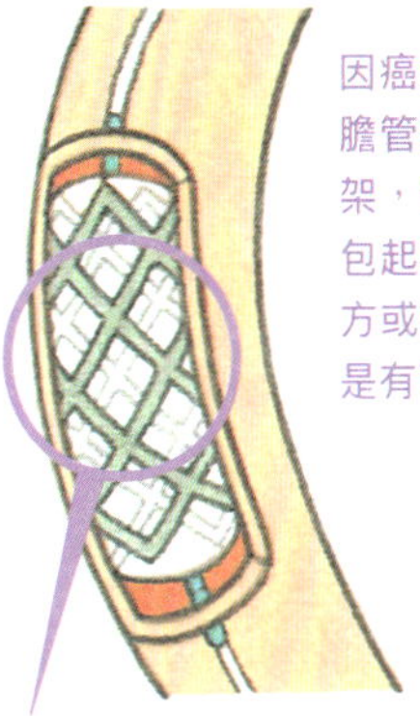

因癌症等因素阻塞的膽管裝了金屬製的支架，雖然外圍用樹脂包起來，但彎曲的地方或撐開時，支架還是有可能會破掉。

支架的蜂巢結構外膜

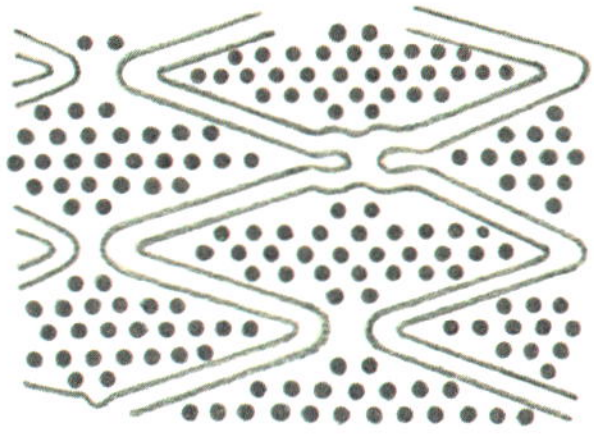

即使拉動微型蜂巢結構的支架也不容易破，規則性排列的小網眼還有防止癌細胞增生的作用。

運用自我組織製造蜂巢結構

冬天時，如果對窗子吹氣，玻璃上就會起白霧。這個現象是因為氣息含有的水蒸氣碰到冰涼的玻璃表面，結成了水滴，稱為「呼吸圖法」（breath figures）。以顯微鏡觀察呼吸圖法的話，會發現大小均等的水滴呈現規則性的排列。像這樣自然形成的結構或形狀叫做「自我組織」，例如雪花的結晶、生物的花紋、大氣的循環等，都是不同規模的自我組織。只要利用呼吸圖法的原理，便能以少量的能源製造出微型的蜂巢結構※2。

※1 連接肝臟和十二指腸的管道，輸送名叫膽汁的消化液。 ※2 在高溫的環境，把膠膜的原料液體塗在板子上（濕式製模），空氣中的水分會凝結成水滴，這些大小均等的水滴呈規則性的排列，形成蜂巢構造。

解開絲綢殼菜蛤的足絲所運用的原理，就能用黏著劑包紮傷口

我的腳可以抓、可以跳，絲綢殼菜蛤雖然不能動，卻可抵擋海浪的威力呢！

分類	貽貝目殼菜蛤科
棲息環境	各地沿岸
殼長	120～150mm
殼寬	60mm
其他物種	地中海貽貝、綠殼菜蛤

絲綢殼菜蛤（淡菜）是群居海岸約水深20公尺處岩礁的貝類，會分泌黏性蛋白質，以稱為「足絲」的鬍鬚狀組織附著在岩石上。這種物質讓牠在海水中也能迅速黏貼，不會溶化，是非常優秀的黏著劑。而且，絲綢殼菜蛤會利用許多足絲來保持身體的平衡，不會被海浪沖走。

手術用的黏著劑必須在有體液和血液的環境中迅速完成黏貼，因此絲綢殼菜蛤的水中黏著劑可說是最理想的材料。目前，科學家試圖模仿絲綢殼菜蛤的足絲，正在開發人工合成的醫療用黏著劑。

以水中黏著劑築巢的沙堡蠕蟲

棲息於岩礁的沙堡蠕蟲會分泌黏膠的成分，把沙粒或貝殼等細小的碎片黏起來，在海中做出筒狀如城堡般的巢穴。目前已有研究團隊模仿了這個功能，研發醫療用的黏著劑。

橫帶人面蜘蛛的絲線能治癒傷口？

被雨淋溼的蜘蛛網上頭掛著水滴，看起來好像美麗的藝術品吧？蜘蛛網就算溼了也不會破，捕捉到獵物時也不會輕易斷掉，因為蜘蛛絲是既柔軟又強韌。蜘蛛網是由中心呈現放射狀的縱線和螺旋環繞的橫線交叉形成網狀的結構。

蜘蛛絲和蠶絲一樣都是由蛋白質組成，英文為「spider silk」。經過科學家對分子的研究，發現蜘蛛絲裡，硬質的結晶結構沿著絲線的方向排列，分布在柔軟的非晶體※裡，所以蜘蛛絲如橡皮般具有伸縮性。一根蜘蛛絲被淋溼的話會縮短，但如果是很多條蜘

※ 沒有結晶化的部分。

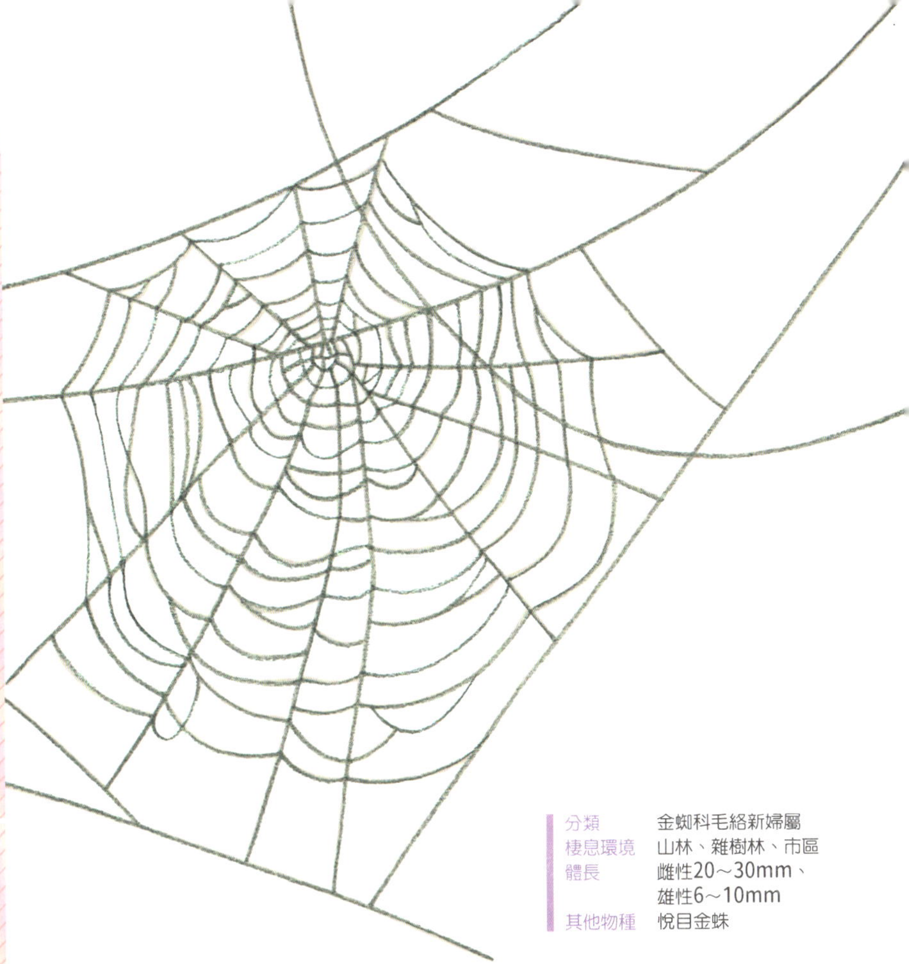

分類	金蜘科毛絡新婦屬
棲息環境	山林、雜樹林、市區
體長	雌性20～30mm、雄性6～10mm
其他物種	悅目金蛛

蛛絲結成網狀的結構就不會縮水變形。這是因為柔軟且具有彈性的絲線互相連接，分散了力量，所以蜘蛛網能維持原來的形狀。

著眼於蜘蛛絲的特性，科學家正在研究是否能運用它做成治療傷口的新型敷料或是當作再生醫療用的移植材料。蜘蛛絲是生質材料，將來有望取代石化燃料做成的合成纖維和塑膠，應用於各種領域。不過，蜘蛛不像蠶一樣能大量飼養和生產，所以可能會以基因改造的方式來培養能生產蜘蛛絲的細菌、真菌類的微生物或蠶等。

蜘蛛絲雖然堅固，但芥川龍之介的小說《蜘蛛之絲》中的壞人為了爬上極樂世界卻拉斷了蜘蛛絲。

分類　棕櫚科省藤亞科省藤屬
主要物種　真藤、黃藤、省藤等
生長環境　非洲、亞洲、澳洲等熱帶地區
高度　10～100m

藤條是優秀的人工骨？

人類和鳥類的骨頭和我的身體有一點像，都是外側堅硬，內側柔軟呢！

「藤」泛指有蔓莖的植物，種類多達六百種以上。藤枝的表皮有刺，藤就是利用這些刺攀附在樹木上，朝向陽光生長。因為擁有輕量、柔韌的特性，藤常用來作為傢俱的材料，或是做成日本弓的握柄部分。藤的表面堅硬，莖的內部有管狀的組織，稱為「維管束」，能輸送水分和養分，並維持莖的韌度。

現在，有一種新的醫療技術，就是在骨頭損傷的部位埋入人工骨，讓骨頭的細胞在人工骨的空隙裡生長，重新再生。藤的內部呈現管狀的構造，就是這種人工骨的參考範本。目前，科學家正在開發以陶瓷來仿製藤的構造，製作出人工骨的技術。

骨頭的構造也是汽車的範本

骨頭在受力的部分和不用受力的部分，有不同密度的構造（➡頁77）。汽車和飛機的設計經常模仿這個構造，在不受力的地方減少材料來達到輕量化的目的。

又輕又堅固的藤是傢俱的材料

藤製的傢俱會在濕度高的季節吸收水分，在乾燥的季節釋出水分。

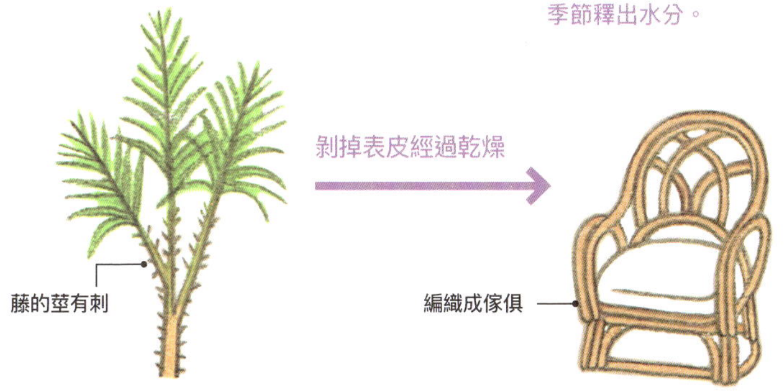

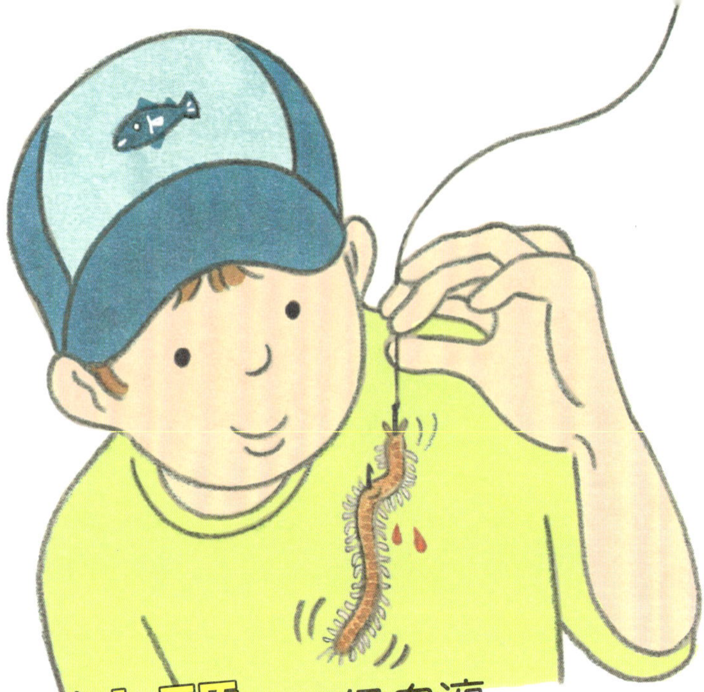

人類的紅血球裡有血紅素，沙蠶的血紅素卻是溶在血液裡。這個奇妙的特點似乎可以應用在醫療上。

有沙蠶的超級血液就不會喘不過氣？

分類	葉鬚蟲目沙蠶科
棲息環境	海邊、潮間帶、沙灘
體長	50～120mm
其他物種	姬沙蠶、有明沙蠶

沙蠶是細長的無脊椎動物，全身共有70～130節，節的兩側有腳，可以扭動身體行走。沙蠶的頭前端有一對鐮刀狀的下顎，能從兩邊夾取食物。沙蠶常用來當作釣魚用的餌，算是人們身邊常見的生物。

近來有研究發現沙蠶的血紅素※輸送氧氣的能力比人類的血紅素多40倍以上。沙蠶因為有這樣的血紅素，所以能長時間待在水中。科學家注意到這個特殊的機能，正在進行研究，希望將來能運用於製造人工血液。

※血液中的紅血球所含有的蛋白質（紅色的來源），功能是從肺臟運送氧氣到全身。

南極魚的血液不結冰，有助於醫療的發展

聽說南極海的水溫是零下2℃，有生物能住在這麼冷的地方不結冰，是不是因為體驗過冰河期？

分類	鱸形目南極魚科
棲息環境	南極海
體長	500mm
其他物種	伯氏肩孔南極魚、南極銀魚

棲息在南極海冰冷海水中的魚類，血液當中含有奇特的蛋白質，讓血液不會結凍。這種蛋白質會抑制血液結晶成為冰，讓細胞能在低溫下長久存活。

疾病的治療與研究需要長時間保存生物的細胞和組織，所以科學家嘗試師法南極魚的血液，開發能低溫保存細胞和組織的溶液。

除了南極魚之外，目前已知還有其他的植物、昆蟲、黴菌、蕈類等也擁有這種特殊的蛋白質。

水熊蟲的生命力為疫苗的保存掀起革命！

分類　緩步動物門
棲息環境　沙漠、高山、極地
體長　0.1～1.7mm

水熊蟲在乾燥時看起來像死掉了，但只要回到水裡就能復活，這種現象叫「隱生」。

水熊蟲的左右兩邊各有四隻短短的腳，走起路來東搖西晃，因為外表看起來像熊，所以俗稱「水熊蟲」。水熊蟲的體型非常小，只有0.7～1.7公釐，不過牠並不是昆蟲，而是一種無脊椎動物，屬於慢慢走的緩步動物。

水熊蟲可以生活在沙漠、高山、極地等條件嚴苛的環境裡，也能在真空並且照射到強烈紫外線的太空中停留十天的時間又復活，甚至耐得住壓力和衝擊，堪稱地球最強的生物。即使處在乾燥的環境裡，水熊蟲會停止自身的活動，等待外界出現轉機。水熊蟲就算體內脫水超過95％，還是能製造保護細胞的蛋白質和糖分，靜靜忍耐到有水分補給的時候，再次恢復元氣，重新開始活動。

一般醫療機構都是採用冷藏的方式來保存細胞或疫苗。不過，這樣必須嚴格控管存放的溫度，也有難以運送的缺點。如果能開發出像水熊蟲一樣耐乾燥的技術，就算沒有冰箱，還是能夠保存疫苗，也能輕鬆運送到他處了。

乾燥後有水就能孵化的卵

小型的甲殼類豐年蝦又名「海猴子」，經常供作理科的實驗教材而於市面販售。豐年蝦棲息在鹹湖裡，牠們產下的卵能進入休眠狀態，長期耐乾燥。如果把豐年蝦的卵放入水中，給予養分的話，就能孵化出幼體來。除了豐年蝦，其實還有生活在非洲半乾燥地區的搖蚊幼蟲，同樣也是經過乾燥，只要下雨就能恢復活力。

白線斑蚊的極細針頭讓人打針也不痛！

分類　雙翅目蚊科
棲息環境　缺乏日照、高溫潮濕的地方
其他物種　尖音家蚊、埃及斑蚊

我那用來咬獵物的嘴巴，雖然和蚊子用來吸血的嘴巴看起來很不一樣，但其實是一樣的器官。

被蚊子叮咬後，皮膚會變得又紅又腫，可是當蚊子叮咬皮膚時，卻是不痛不癢。這是因為蚊子的口針形狀有個祕密。蚊子吸血時，會上下震動一根吸管狀的口針和兩根鋸齒狀的針，把口針插入皮膚吸血（下方專欄）。蚊子的口針直徑只有60微米，所以能避開皮膚感覺疼痛的部位（痛點）。

許多人都害怕打針，不過現在已有醫療器材模仿蚊子口針的形狀，發明出比較不會痛的注射針，尤其對每天必須採血的糖尿病患者來說很有幫助※。這種注射針頭對於怕打針的人來說，是一大福音，未來也可望促進疫苗的施打率。

模仿蚊子的口針做成的注射針頭

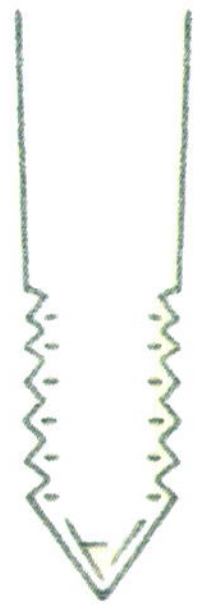

材料是微生物能分解的塑膠（聚乳酸），不僅體貼患者，還很環保。

生物的身體奧祕

蚊子的口器有6層

蚊子的口器只有60微米（1微米為1公釐的千分之一），構造是共6根不同用途的針收在同一個口鞘裡，從最外側依序是2根鋸齒狀的針（右圖的①），再來是2根如護套般保護吸血針的針（②），還有護套裡用來吸血的管狀針（③）和輸送唾液用的針（④）各1根。蚊子的唾液含有類似麻醉的成分，在叮咬人類或動物時會先注入牠的唾液，好讓自己不被發現，可真是下了一番工夫。

※糖尿病的患者每天必須用採血針刺指尖來測量血糖值。

細菌的生物膜做成極薄的太空衣，在真空狀態也能活動！

人類向生物學習，開發出能在短時間內精準檢測健康狀態的技術。相信光明的未來正等著我們！

聽過「生物膜」這個名詞嗎？舉例來說，廚房水槽裡黏黏的污垢或牙垢等都是身邊常見的生物膜（菌膜）。生物膜是細菌分泌的物質，把自己包在生物膜裡，細菌就無法輕易被沖走，形成一個安全的環境。不過，對醫院而言，生物膜是相當棘手的存在，必須徹底消毒。

電子顯微鏡的發明距今約有一百年的歷史，使用時要先將想要觀察的生物乾燥處理，變成真空狀態後再來觀察。不過在乾燥的過程中，生物會變形，無法看到真實的樣貌。為了研究仿生科技，科學家試著摸索能觀察濕潤活體生物的方法。電子顯微鏡下的真空狀態，說起來其實就是太空的環境。那麼，如果讓細菌穿上太空衣是否就能存活？生物膜會不會就像細菌的太空衣呢？

科學家把果蠅的幼蟲包裹在黏黏的生物膜裡，放入電子顯微鏡察看，沒想到幼蟲居然還能活動！於是，科學家參考生物膜的黏液，研發出「奈米外膜溶液」，只要塗在生物上，形成「奈米外衣膜」（nanosuit），就能如當初預料的一樣，可以利用顯微鏡觀察活體的生物了。將來，也許人類也能穿著極薄的太空裝走出太空梭，探索宇宙。

這個技術也有助於提升病理檢查的效率，因為可以用光學顯微鏡和電子顯微鏡觀察同一種樣本。而且，還能直接觀看「免疫層試紙分析法」的抗原抗體反應※。採用這個方法的話，只要在幾分鐘之內，就能精準的檢測包括新型冠狀病毒等人類或動物的疾病。

如果能迅速的檢查全世界生物的健康，標示出疾病散播的地圖，就可以即時預防疾病的發生。

※ 在快篩試紙上滴入檢測用的試劑，就知道有沒有生病，稱為「免疫層試紙分析法」。

如何觀察生物

素描本・鉛筆
素描可以鍛鍊觀察力。不用畫得多好，只要畫出注意到的細節，就能培養觀察力。

放大鏡
除了肉眼觀察，用放大鏡放大物體的細節來觀看，樂趣也加倍！

雙筒望遠鏡
常用於觀察鳥類時。鳥可能會立刻飛走，要盡快畫下注意到的部分。

網子・蟲箱
喜歡昆蟲的人必備的工具。先用網子輕輕捕捉，再放入蟲箱後，慢慢仔細觀察。

單筒望遠鏡
比雙筒望遠鏡的倍率更高，可觀察鳥類等生物。還有能觀察太空的天文望遠鏡。

顯微鏡
把微小的生物或植物切成薄片放入顯微鏡觀察，能看到肉眼看不到的細節。

鏟子・報紙
可以把花草等植物連根一起挖起來觀察，要帶走時用報紙包起來，比較方便※。

我們人類只能憑自己的感官和身體，來觀看外在的世界。雖然坐在書桌前用功讀書很重要，但這樣無法真正了解自己所身處的世界。那麼，我們要如何認識外界的生物，甚至以這些生物為榜樣，產生新的想法呢？

其實，親身與各種生物接觸是最重要的事，帶著放大鏡和素描本，到公園或森林去吧！依照你想觀察的事物，可以多加善用便利的工具（⬇上圖）。觀察的祕訣是活動全身去接近生物，仔細觀看。觀察微小的生物時，可用放大鏡、顯微鏡；觀察遠處的生物時，單筒望遠鏡和雙筒望遠鏡是有力的好幫手。

※ 在禁止採集植物的公園或私人土地上，千萬不可以把植物帶走。

觀察大自然裡的野生生物固然重要，不過也可以找找在家裡也能觀察生物的方法。例如，下廚和解剖生物的實驗也有異曲同工之妙。切魚的時候，可以看看魚的眼睛在什麼位置？脊椎是什麼樣子？有幾個魚鰭，分別在哪裡？意識到這些問題一邊觀察的話，就會知道魚的身體有什麼奇特之處。不只是動物，就算只是切切小黃瓜，也能發現許多不可思議的地方。例如小黃瓜的中心部分和周圍的部分為什麼不一樣？甚至就連大掃除都是觀察生物的好機會。擦窗戶的時候，窗框上可能會有蜘蛛網。仔細看，就會發現玻璃上沒有蜘蛛網，但窗邊卻結了不少。難道蜘蛛喜歡角落嗎？想像一下牠們的心情。或者像是夏天的夜晚，有好多蟲子圍繞著玄關的燈光飛舞，你可以試著找出會覺得「為什麼？」的事來思考看看。喜歡花的人也可以挑戰插花，想想看如何把花朵插得像生長在大自然裡一樣美麗，也很有意思喔！

關於長度的單位

在標示生物的體長時，常會用到各式各樣的單位。1公尺的基準本來是「赤道到北極的距離的一千萬分之一」。說到1000萬，你可能沒什麼概念，例如3公釐（mm）的1000倍是3公尺（m），3公尺的1000倍是3公里（km）。可能有人曾在體育課跑了3公里，3公里的1000倍＝3000公里，幾乎相當於日本列島的總長。如果搭乘太空梭上了外太空，就能飽覽約3000公里長的日本列島。假設太空梭的窗框長度是1公尺，從窗子看見了小小的地球，地球1/4周長的1000萬分之一就是1公尺。不過，現在在國際上，單位的定義已改用光的速度為基準，減少了誤差。

相對的，微小的單位有「微米（μm）」，是公釐的1000分之一。細菌大約是1微米，所以人的肉眼看不到。近年來，我們常聽到「病毒」這個名稱，病毒的大小更是奈米（nm）等級，也就是微米的1000分之一，就算用光學顯微鏡看也看不見。

到博物館參觀

博物館是研究動物和植物等的機構，英語是「museum」，這個單字源自古希臘掌管學術與藝術的女神名字。博物館把生物做成標本，負責保存和展示。不只是生物，也有博物館是負責保管和研究關於人類的文化、歷史方面的資料。日本和全世界各地都有博物館，但沒有任何兩間博物館展出一模一樣的內容，所以可以多去博物館參觀，增加自己的知識！如果去到生物的博物館，就能親眼看到生物實際的大小或顏色，也有機會聽到研究人員的導覽。此外，到博物館的商店逛逛有關展覽的書籍和商品，也是逛博物館的樂趣之一！

來去北海道大學綜合博物館吧！

大原昌宏副館長

位於札幌的「北海道綜合博物館」[※1]不僅展出生物的標本，也介紹札幌農學校[※2]的歷史，還有獲得諾貝爾獎的鈴木章老師的研究成果，可以學習到各領域的知識。螳螂弟來到北大博物館，訪問了副館長大原昌宏老師。

大原老師（以下簡稱「老師」） 螳螂弟，來到我們的博物館，首先會看到美麗的白色挑高圓拱天井，爬上樓梯之後，就能觀賞許多植物、昆蟲和魚類的標本。

螳螂弟（以下簡稱「螳」） 大原老師，你好！一字排開的標本看起來好壯觀，尤其是日本龍的復原骨骼好大、好酷喔！

老師 牠是第一個由日本人命名的恐龍喔！

螳 真的嗎！希望大家都來看看。大原老師，請問你在做什麼樣的研究呢？

老師 我從小時就很喜歡昆蟲，大學時也在研究昆蟲。對了，你聽過「生物分類學家」這個名稱嗎？就是為植物或昆蟲的標本正確分類的人，這些人支持著博物館的運作。現在，研究生物分類的人變少了，所以我們博物館也有開設這方面的課程。

螳 本書也有介紹生物的分類，真是多虧了生物分類學家呢。

老師 順帶一提，以你的同類為例，全世界大概有2000種的螳螂呢！

螳 有這麼多種啊！好想見見那些同伴喔！

仿造真實的日本龍標本復原而成的骨骼標本。化石於1934年在當時為日本領土的薩哈林被發現。

※1 編按：北海道綜合博物館官網https://www.museum.hokudai.ac.jp/。※2 北海道大學的前身。

到水族館參觀

水族館為了在水槽中人工飼養海洋、湖泊、河川中的各種生物，會對水溫、照明、食物和繁殖技術等，進行研究。日本因四周環海，全國共約有150間水族館分散於各地，展出當地大海、湖泊、河川裡的生物，或是特定的動物如鮭魚、水母、螢火魷等。說到水族館，很多人可能會想到精彩的海豚表演秀。不過，能在大大小小的水族缸裡，看到各種珍奇的魚類或水中生物才是水族館的魅力。來到水族館，一定要好好觀察牠們，還要聽飼養人員或研究人員的解說，可以學到很多知識。

來去鮭魚故鄉千歲水族館吧！

位於北海道千歲市的「鮭魚故鄉千歲水族館」※，專門介紹鮭魚的同類和北海道的淡水魚，在此可以學到鮭魚的生態與人類的飲食文化。每年九月~十月，還能觀察從千歲川逆流而上的野生鮭魚群。以下採訪了菊池基弘館長。

菊池館長（以下簡稱「館長」） 螳螂弟，歡迎來到水族館。在這裡不僅可以觀察水槽裡的鮭魚，為了傳達生物的珍貴，我們在展示上也花了許多心思呈現。

螳螂弟（以下簡稱「螳」） 菊池館長，我先問個問題，北海道和鮭魚有什麼樣的關係？

館長 對自古居住在北海道的愛奴人來說，鮭魚是寶貴的食物。明治時代（西元1868~1912年），也曾經有人復育鮭魚的卵，把魚苗放流到河川裡。

螳 原來從很久以前就有鮭魚的文化啊。這裡的水槽能看到千歲川的河底，好令人驚訝喔！還能親眼看到野生鮭魚游泳的樣子！

館長 沒錯，這個展示間是本館的招牌景點喔。我在靜岡縣出生，從小喜歡魚類，長大後就讀於北海道大學水產學系，所以想從事跟生物有關的工作，現在擔任水族館館長。希望來到這裡的人能透過鮭魚親近大自然，了解人類與自然的關係，那我就很高興了。

螳 真是好有意義的工作，謝謝館長接受採訪。吉祥物的鮭魚君也好可愛喔！

菊池基弘館長

日本第一個能觀察河川底部的水槽。水族館在千歲川的左岸挖出一個長約30m的展間，設置了7個玻璃窗。

※編按：鮭魚故鄉千歲水族館官網https://chitose-aq.jp/

認識更多生物知識的場館

以下是台灣各地生物相關主題展館的資訊，包括：動物園、水族館、植物園、博物館、昆蟲館、生態教育中心/園區等。提醒：部分場館僅有特定日期開放，或需要提前預約參觀，請自行上官網或臉書粉專查詢參觀資訊。（資料整理：漫遊者文化編輯室）

水生動物及水族館

國立海洋科技博物館（基隆市）
介紹海洋科學、海洋生物與海洋工程，設有互動展區與豐富的教育資源。

國立海洋生物博物館（屏東縣）
台灣規模最大的海洋生物博物館，展示全球各大洋區的生物與生態，並有大型水族館。

小琉球諾亞方舟（屏東縣）
結合海洋保育與教育推廣，展示當地海洋生物。

亞太水族中心-農業科技園區（屏東縣）
以水產養殖與海洋生物研究為主，兼具展示與教育功能。

澎湖水族館（澎湖縣）
專注於澎湖海域生態，展示多種當地特有的海洋生物。

水族生態研究館-水產試驗所東部漁業生物研究中心（台東縣）
位於台東成功鎮新港漁港旁。展示台灣東部海洋與漁業特色，擁有獨特的水質維生系統及深層海水水槽，並以小丑魚等海洋生物為主題。

金車生技水產養殖研發中心（宜蘭縣）
提供水產養殖知識與生物多樣性展示，適合對水產科技有興趣者參觀。

生態教育園區-農業部生物多樣性研究所（南投縣）
推廣台灣淡水生態與保育，園區內有多種淡水魚類及濕地生態展示。

動物園

臺北市立動物園-木柵動物園（臺北市）
台灣規模最大的動物園，擁有豐富的亞洲、非洲、澳洲及本土動物展示區，並設有企鵝館、無尾熊館等特色館舍，是親子與生態教育的重要場域。

新竹市立動物園（新竹市）
台灣歷史最悠久的動物園之一，位於新竹公園內。2019年重新開園後成為結合歷史文化與生態保育的重要休憩場所。

六福村主題遊樂園（新竹縣）
結合遊樂設施與野生動物園，遊客可搭乘遊園車近距離觀察長頸鹿、斑馬等大型動物，體驗野生動物生態。

北埔綠世界生態農場（新竹縣）
規劃六大主題公園，包括生物多樣性探索區、蝴蝶生態公園、大探奇區、鳥類生態公園、水生植物公園及天鵝湖區，以及豐富的觀賞景點。

九九峰動物樂園（南投縣）
主打與動物近距離互動體驗，園區內有多樣化的動物展示與教學活動。

鳳凰谷鳥園生態園區（南投縣）
隸屬國立自然科學博物館，專注於鳥類生態與保育，園內有多種台灣本土及外來鳥類展示。

頑皮世界野生動物園（臺南市）
半開放式野生動物園，飼養來自全球五大洲的300多種動物。

壽山動物園（高雄市）
展示超過百種動物，包括台灣原生種黑熊、獼猴及多種草原、熱帶動物，是高雄市重要的動物教育基地。

金門植物園（金門縣）

由金門縣林務所管理，展示豐富的熱帶及亞熱帶植物資源，結合金門特有的生態環境，推廣植物多樣性與環境教育。

生物相關展覽館所園區

國立臺灣博物館（臺北市）

台灣最早的博物館之一，擁有豐富的動植物標本與自然史展覽，適合深入了解台灣自然環境。

臺灣大學動物博物館（臺北市）

創立於1928年，是台灣歷史最悠久的動物標本館之一，典藏超過兩萬件來自台灣本土、東南亞及鄰近地區的珍貴動物標本。

中央研究院生物多樣性研究博物館（臺北市）

展示台灣生物多樣性研究成果，並收藏大量生物標本，適合學術與科普愛好者。

國立自然科學博物館（臺中市）

全台最大綜合科學博物館之一，設有自然史、生命科學等多個常設展廳，內容豐富多元。

奇美博物館「自然史」展區（臺南市）

自然史展區收藏大量動物標本、化石與礦物，結合藝術與自然科學。

左鎮化石園區（台南市）

台灣最具規模的化石主題園區，收藏自菜寮溪流域出土的猛獁象、劍齒象、古鹿等珍稀化石，是自然史教育的重要據點。

台灣昆蟲館（台北市）

展示台灣及世界各地昆蟲，設有活體展示與昆蟲標本。

蝴蝶宮‧昆蟲科學博物館（台北市）

位於台北市成功高中校園內，以推廣昆蟲生態教育為主的特色博物館。館內展示豐富的蝴蝶、甲蟲等昆蟲標本，並設有活體蝴蝶觀察區。

蝴蝶小鎮生態休閒園區－木生昆蟲博物館（南投縣）

館內收藏豐富的台灣及世界各地昆蟲標本，並設有展示區，讓參觀者近距離觀察蝴蝶、甲蟲等多樣昆蟲。

植物園

臺北植物園（臺北市）

台灣第一座植物園，園區劃分裸子植物、蕨類、民族植物、水生植物等多個主題區，收藏超過2,000種植物，是重要的植物研究與教學場所。

臺灣大學植物標本館（臺北市）

收藏豐富的植物標本，推廣植物分類與生態知識，適合對植物學有興趣的民眾與學生參觀。

藥用植物園-內雙溪自然中心（台北市）

展示超過百種中草藥與藥用植物，結合森林生態與藥用植物教育。

衛生福利部教學藥園（新北市）

位於平溪區，設有自然步道與中草藥展示區，推廣中醫藥植物知識與生物多樣性保育，是結合環境保護與藥用植物教育的典範。

福山植物園（宜蘭縣）

擁有豐富的原生森林與多樣植物，是重要的生態研究與教育基地，需事先申請入園。

仁山植物園（宜蘭縣）

位於宜蘭市郊，園區規劃完善，展示多種台灣原生及外來植物，設有生態步道與解說牌，是認識北台灣植物生態的好選擇。

嘉義樹木園（嘉義市）

展示多種台灣本土及外來樹種，結合林業知識與自然教育，是認識森林生態的好去處。

蓮華池藥用植物園（南投縣）

專注於藥用植物的栽培與展示，推廣藥用植物的多元應用與知識。

下坪熱帶植物園-臺大實驗林（南投縣）

展示熱帶地區的多樣植物，結合學術研究與教育推廣，適合植物愛好者及學生參訪。

雙溪樹木園步道（高雄市）

設有步道與豐富樹種，適合戶外教學與生態觀察，親近自然環境。

辜嚴倬雲植物保種中心（屏東縣）

位於高樹鄉，專注於熱帶及亞熱帶植物的活體保存與學術研究。收藏多種原生植物及瀕危栽培品種，並積極參與國際保育計劃。

生態保育與教育場館

關渡自然公園（台北市）
位於淡水河與基隆河匯流處，是台北市重要的濕地生態保育區。園區設有自然中心、賞鳥小屋、步道等，提供豐富的鳥類與濕地生態觀察體驗。

水雉生態教育園區（台南市）
位於官田區，園區內有豐富的水生植物與濕地鳥類。設有賞鳥亭與解說活動，讓民眾近距離觀察水雉生態，推廣濕地保育與友善農業。

黃金蝙蝠生態館（雲林縣）
亞洲知名的蝙蝠主題館，專注於金黃鼠耳蝠保育，結合生態展示、DIY體驗與導覽，推廣蝙蝠知識與生態保育。

台灣黑熊教育館（花蓮縣）
全台首座以台灣黑熊為主題的教育館，結合沉浸式場景與AR互動體驗，展示黑熊生態、保育故事及世界八大熊知識，推廣人熊共存理念。

鯨過多羅滿文化館（花蓮市）
推廣海洋教育與鯨豚保育。透過展覽、導覽與體驗活動，介紹花蓮海洋生態、鯨豚紀錄及漁村文化。

白海豚媽祖宮（彰化縣鹿港鎮）
結合媽祖信仰與白海豚保育，館內設有白海豚媽祖神像及環保教育設施。

抹香鯨陳列館-四草大眾廟（台南市安南區）
因1992年母子抹香鯨擱淺而設立，館內展示完整的抹香鯨骨骼標本及多種海洋生物標本，可以了解鯨豚生態與保育故事。

屏東保育類野生動物收容中心（屏東縣）
專門收容與保育受傷或非法飼養的野生動物，需預約參觀，強調保育教育。

鱟生態文化館（金門縣）
全台唯一以「活化石」鱟為主題的生態館，設有活體鱟展示池、標本及多元解說，介紹鱟的生態、保育及其在金門文化中的角色。

新嘉大昆蟲館（嘉義市）
隸屬於國立嘉義大學，是台灣南部重要的昆蟲研究與教育基地。館內收藏數千件來自台灣及世界各地的昆蟲標本，展示內容涵蓋蝴蝶、甲蟲、螢火蟲等多樣昆蟲，並設有活體展示區

國家公園、觀光署各風管處、林業署等特有物種館場

菁山自然中心（台北市）
位於陽明山國家公園的保育研究基地，設有火山地質與動物標本常設展，特別推動台灣水韭的域外保育，並建立人工濕地模擬夢幻湖環境。

觀音山遊客中心（新北市）
由北觀風管處管理、位於觀音山自然保留區，展示赤腹鷹等山林猛禽生態。以多媒體解說與步道導覽，提供生物多樣性及環境保育知識。

觀霧山椒魚生態中心（新竹縣）
雪霸國家公園內的專屬生態中心，介紹觀霧地區特有的山椒魚保育。不僅展示山椒魚標本與生態資料，並結合自然步道與環境教育活動。

台灣櫻花鉤吻鮭生態中心（苗栗縣）
位於雪霸國家公園，專門介紹台灣櫻花鉤吻鮭的生態與保育。透過展示、影片與戶外觀察點，介紹這種珍稀冷水魚類的生活習性及棲地保護的重要性。

三義火炎山生態教育館（苗栗縣）
由林業署新竹分署管理，館內以石虎為主題，結合火炎山獨特的地質與生態環境介紹。設有互動展覽與生態解說，推廣石虎保育及山區生態知識。

阿里山生態教育館（嘉義縣）
林業署嘉義分署設立，以阿里山山椒魚與台灣一葉蘭等特有物種為重點。展示豐富的生態標本與環境解說，結合阿里山森林資源。

黑面琵鷺生態展示館（台南市）
位於台江國家公園內，專門介紹黑面琵鷺及其遷徙、習性與全球分布。館內設有實體標本、濕地生態展示及導覽解說。

茂林遊客中心（高雄市）
由茂林風管處經營，著重於紫斑蝶生態保育。設有蝴蝶生態展示與自然步道，可體驗茂林地區獨特的熱帶生態與季節性蝴蝶遷徙奇觀。

作者簡介

我最推薦的生物
是螞蟻！

下村政嗣（Simomura Masatsugu）

1954年生於福岡縣。工學博士。專攻高分子化學，現在為公立千歲科學技術大學特任教授，北海道大學名譽教授、東北大學名譽教授、仿生技術推廣協議會理事長。九州大學工學部合成科學系畢業，同校工學研究所碩士課程修畢。曾任九州大學助手、東京農工大學助理教授、北海道大學電子科學研究所教授、同校奈米科技研究中心所長、理化學研究所、東北大學多元物質科學研究所教授。著有《超簡單的仿生科技書》等書。

谷口 守（Taniguchi Mamoru）

1961年生於神戶市。工學博士。筑波大學系統資訊系社會工學領域教授。東京大學研究所工學研究科博士後期課程學分修滿休學。曾任京都大學工學部助手、加州大學客座研究員、岡山大學教授等職務，自2009年起從事現職迄今。社會資本整備審議會都市計畫．歷史風土分科會長。關於緊密都市（Compact City）的研究成果榮獲都市計畫學會、土木學會、不動產學會等的論文獎與文部省科學大臣獎。著有《入門都市計畫》、《全世界的緊密都市》、《向生物學習造鎮》等書。

我最推薦的生物
是海綿！

我最推薦的生物
是彩虹吉丁蟲！

針山孝彥（Hariyama Takahiko）

1952年生於東京。理學博士。專攻光生物學、奈米外衣膜技術。濱松醫科大學奈米外衣膜開發研究部特聘研究教授。曾任東北大學應用資訊學研究中心應用生體資訊學助理、濱松醫科大學助理教授，之後於同校擔任教授、副校長。身兼澳洲國立大學、紐西蘭懷卡托大學（南極斯科特基地）、肯亞國際昆蟲生理生態研究所、芬蘭赫爾辛基大學、荷蘭大學客座研究員、義大利佛羅倫斯大學客座教授等職。著有《生物的資訊戰略》（化學同人）等書。

平坂雅男（Hirasaka Masao）

1955年生於東京，工學博士，專攻電子顯微鏡、仿生技術、技術經營。現為特定非營利活動法人仿生技術推進協議會事務局長。早稻田大學工學部化學科、理工學研究科碩士課程修畢後，進入帝人公司服務，於該公司任職研究企劃推廣主任和構造解析研究所所長，自2014年至2021年間擔任高分子學會常務理事兼事務局長。自2012年起致力仿生科技的國際標準化，現任仿生科技國際標準化日本審議委員會委員長。監修書籍《哆啦A夢科學世界：打造未來的生物與科技》（小學館），就國際上仿生科技的趨勢，發表演講與多篇專文。

我最推薦的生物
是鯨魚！

我最推薦的生物
是枯草桿菌！

穗積 篤（Hozumi atsushi）

1967年生於愛知縣，工學博士，專攻表面化學。產業技術綜合研究所研究組長。名古屋大學研究所工學研究科博士班後期課程修畢。1999年進入通商產業省技術院名古屋工業技術研究所服務，歷經組織改革，於2010年起從事現職。長期研究物質的浸潤性、仿生技術，發表多篇論文，亦有成功應用的實例。主要的著作有《Stimuli-Responsive Dewetting / Wetting Smart Surfaces and Interfaces》（Springer Nature）等書。現為高分子學會仿生技術研究會營運委員長，身兼《Moterials Letters》（Elsevier）的副主編。

拯救地球的超級英雄
地球を救うスーパーヒーロー生き物図鑑

作　　者　下村政嗣、谷口守、針山孝彥、平坂雅男、穗積篤
譯　　者　陳佩君
審　　訂　林大利
封面設計　比比司設計工作室
內頁構成　簡至成
編輯協力　孫旻璇
行銷企畫　蕭浩仰、羅聿軒
行銷統籌　駱漢琦
業務發行　邱紹溢
營運顧問　郭其彬
責任編輯　張貝雯
總　編　輯　李亞南
出　　版　漫遊者文化事業股份有限公司
地　　址　台北市103大同區重慶北路二段88號2樓之6
電　　話　(02)2715-2022
傳　　真　(02) 2715-2021
服務信箱　service@azothbooks.com
網路書店　www.azothbooks.com
臉　　書　www.facebook.com/azothbooks.read
發　　行　大雁出版基地
地　　址　新北市231新店區北新路三段207-3號5樓
電　　話　(02)8913-1005
傳　　真　(02)8913-1056
初版一刷　2025年8月
定　　價　台幣450元

ISBN　978-626-409-132-9

國家圖書館出版品預行編目 (CIP) 資料

拯救地球的超級英雄/ 下村政嗣, 谷口守, 針山孝彥, 平坂雅男, 穗積篤著 ; 陳佩君譯. -- 初版. -- 臺北市 : 漫遊者文化事業股份有限公司, 2025.08
面 ;　公分
譯自 : 地球を救うスーパーヒーロー生き物図鑑
ISBN 978-626-409-132-9(平裝)

1.CST: 生物技術 2.CST: 仿生學

368　　114009713